Skorpione

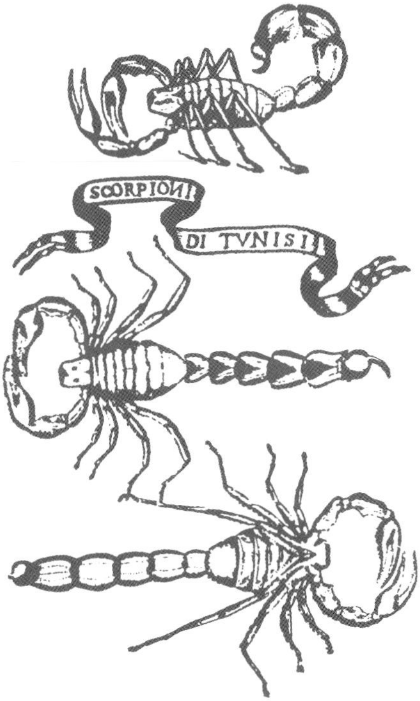

Skorpionähnliche Thiere

... Ihr allgemeiner Charakter beruht auf der niederen Stellung ihrer Lebensweise. Sie sind nämlich unter Arachniden das, was die Wanzen und ähnliches Ungeziefer unter den Insekten sind: platte, lichtscheue, im Dunkeln an der Erde sich aufhaltende Thiere, durch Biß und Stich lästig, ja gefährlich, und ohne weitere Industrie oder geistige Entwickelung. Denn in diesem Sinne stehen die eigentlichen Spinnen weit höher, nehmen auch ihren Wohnort in höheren freieren Regionen, sind bunter gefärbt, und gehen bis zu dem Aufenthalt auf Pflanzen.

F. S. Voigt (1838): Lehrbuch der Zoologie, IV. Band. Schweizerbart'sche Verlagshandlung Stuttgart

Skorpione

von
Dieter Mahsberg, Rüdiger Lippe und Stephan Kallas

unter Mitarbeit von
Wolfgang Schmidt und Michael Meyer

104 Farbfotos
9 Zeichnungen/Diagramme

Terrarien NTV Bibliothek

Natur und Tier - Verlag

Inhaltsverzeichnis

Titelbild: *Opisthophtalmus flavescens* Foto: D. Mahsberg

1. Auflage 1999

ISBN 3-931587-15-0

Lektorat: Heiko Werning, Berlin
Gestaltung: Sibylle Manthey, Berlin
Druck: MKL Druck GmbH & Co. KG, Ostbevern

Vorwort

Skorpione lösen bei vielen Menschen gleichermaßen Abscheu und Faszination aus. Sie verkörperten in vielen Kulturen Heimtücke und Unglück und galten als Symbole des Teufels. Im alten Ägypten zierte ein Skorpion das Haupt der Fruchtbarkeitsgöttin Serket, der „Freundin des Todes". Und glaubt man den babylonischen Astrologen, die eine Sternkonstellation „Scorpio" nannten, beeinflussen Skorpione sogar unsere Geschicke.

Warum haben ausgerechnet Skorpione einen so schlechten Ruf und müssen oft genug auch ihr Leben dafür lassen? Neben manchen Schlangen und Spinnen - Tiergruppen, denen viele Menschen auch nicht gerade mit Sympathie begegnen - sind Skorpione für den Menschen potentiell gefährlich. Zwar stimmt es, dass alle Skorpione über einen Giftstachel verfügen. Allerdings besitzen nur etwa zwei Dutzend der 1200 Arten ein Gift, das auch für uns tödlich sein kann. Ihre versteckte, nächtliche Lebensweise macht Skorpione für das Augenwesen Mensch zu unheimlichen Gesellen, denen man leicht mit Misstrauen begegnet. Oft genügt das Wissen um die mögliche Anwesenheit von Skorpionen, um Panik auszulösen. Bei objektiver Betrachtung entpuppen sich Skorpione dagegen als eine Gliederfüßergruppe, die sich in den vielen Jahrmillionen ihrer Stammesentwicklung kaum verändert hat und offenbar ein sehr gutes „Überlebensrezept" der Natur verkörpert.
Was veranlasst nun manche Menschen, Skorpione als doch eher ungewöhnliche Terrarientiere zu pflegen? Angeberei oder Nervenkitzel der „Gefährlichkeit" wegen sind sicherlich schlechte Motive. Skorpione bieten wegen ihres interessanten Verhaltens - sei es beim Beutefang, bei Paarung oder Brutpflege - viele Möglichkeiten der Beobachtung, auch im Terrarium. Ein Skorpionliebhaber, der die Lebensansprüche seiner Tiere so gut wie möglich erfüllt und sie vielleicht sogar über mehrere Generationen zur Nachzucht bringt, unterscheidet sich damit nicht von anderen verantwortungsbewussten Terrarianern.

Wer Skorpione pflegen will, muss sich jedoch bestimmten Auflagen unterwerfen, die u.U. auch durch Artenschutzbestimmungen und länderspezifische Haltungsgenehmigungen gefordert werden. Skorpionterrarien müssen ausbruchssicher sein und so stehen, dass sie vor allem für Kinder nicht zugänglich sind. Besonders bei der Handhabung gefährlicher Arten müssen Sicherheitsregeln eingehalten werden, um sich und andere nicht in Gefahr zu bringen. Man denke auch an die Möglichkeit von Allergien, die fast jede Art von Tierhaltung mit sich bringen kann, gleichgültig, ob es sich um haarige oder gepanzerte, um giftige oder ungiftige Pfleglinge handelt.

Dieses Buch richtet sich keineswegs nur an den Halter von Skorpionen, sondern an jeden Naturfreund, der Wissenswertes über diese Spinnentiere erfahren möchte. Es versucht, aus der Fülle meist verstreuter und fremdsprachiger Fachliteratur einen kompakten allgemeinen Überblick über wichtige Aspekte der Biologie von Skorpionen zu bieten und Richtlinien zur Pflege einiger Arten an die Hand zu geben, für deren subjektive Auswahl die Haltungserfahrungen der Autoren maßgeblich waren. Dieses Buch erhebt keinen Anspruch auf Vollständigkeit. So verzichten wir z.B. auf Bestimmungsschlüssel, da diese den vorgegebenen Rahmen sprengen und die Möglichkeiten der meisten Laien überfordern würden, die nicht über eine gute optische Ausrüstung verfügen. Für die meist schwierige Artbestimmung bleibt dann oft nur das mühsame Studium der Fachliteratur. Skorpione lassen sich auch nur selten nach „Bilderbuch“ bestimmen. Bei Arten mit unsicherem Status haben wir uns auf die Angabe der Gattung bzw. Familie beschränkt. Eine entsprechende Zurückhaltung bei der Namensvergabe hätte schon manche Verwirrung in der Skorpionliteratur oder auch in Händlerlisten vermeiden helfen. Der demnächst erscheinende „Catalogue of the scorpions of the world (1758-1998)“ von FET, SISSOM, LOWE & BRAUNWALDER (1999) wird – 100 Jahre nach KRAEPELINs erstem Katalog 1899 - in der Nomenklatur dieser Ordnung sicher einen neuen Maßstab setzen.

Als Einstieg in die zahlreichen Publikationen zum Thema „Skorpione“ sei auf die im Literaturverzeichnis angegebenen Aufsätze und Bücher verwiesen. Das Standardwerk ist und bleibt „The biology of scorpions“ von GARY A. POLIS (1990a). Auf vieles aus der dort verarbeiteten umfangreichen Primärliteratur wurde auch in vorliegendem Buch zurückgegriffen, in das wir vor allem auch einige neuere Veröffentlichungen eingebracht haben. Wer sich für die Bedeutung von Skorpionen in der aktuellen Forschung interessiert, sei auf das Anfang 2000 erscheinende Buch von BROWNELL und POLIS „Scorpions and research“ hingewiesen. Spätestens dann sollte jedem Zweifler klar sein, dass die Beschäftigung mit solchen Spinnentieren mehr ist als „Spinnerei“...

Wir bedanken uns bei allen, die uns bereitwillig mit Informationen und wertvollen Hinweisen versorgt haben, uns Abbildungen überließen, konstruktive Beiträge lieferten oder bei der Pflege unserer Tiere halfen. Besonders erwähnt seien Miriam Brandt, Würzburg; Matt E. Braunwalder, Zürich; Reinhard Ehrmann, Goch; Dr. Frank Glaw, München; Andrea Hilpert, Würzburg; Gabriele Junker, Herten; Prof. Dr. K. Eduard Linsenmair, Würzburg; Dr. Sigrid Mahsberg, Waldbrunn; Henry Müller, Pforzheim; Christian Peters, Freiburg; Herbert Schiejok, Remscheid; Heike Steingen, Neapel; Erwin Schröder, Kiel; Siegfried Walter, Mühlacker; Prof. Dr. Peter Weygold, Freiburg und Miguel Vences, Köln. Dem Natur und Tier - Verlag danken wir für die gute Zusammenarbeit.

Spinnentiere - Landbewohner mit Geschichte

Ursprung und System der Arthropoden

Nach jüngsten Schätzungen bevölkern derzeit drei bis 30 Millionen (überwiegend unbeschriebene) Tierarten die Erde, wovon die allermeisten zum Stamm Arthropoda (Gliederfüßer) gehören (MAY 1996). Angesichts dieser Vielfalt nehmen sich die 55 000 Arten der Chordata, zu denen auch die Wirbeltiere und damit wir Menschen zählen, sehr bescheiden aus. Vor allem in tropischen Regenwäldern und dort besonders im Kronendach werden immer wieder neue Arthropoden entdeckt. Mit zunehmender Zerstörung dieser Lebensräume verschwinden aber auch tagtäglich Arten, von deren Existenz wir nie erfahren haben und deren lange Stammesgeschichte damit zu einem jähen Ende kommt – mit allen negativen Folgen, die der Verlust biologischer Artenvielfalt mit sich bringt (KÖNIG & LINSENMAIR 1996).

Spinnen (hier die Springspinne ***Phidippus regius***) sind neben Skorpionen die bekanntesten Arachniden.
Foto: D. Mahsberg

Der Ursprung der Gliederfüßer liegt im Erdaltertum. Wie der im Meer lebende „Urarthropod" aussah, wird uns immer verborgen bleiben, da aus dieser frühen Zeit keine Fossilien vorliegen. Im Kambrium - vor etwa 500 Millionen Jahren - existierten bereits zahlreiche Gliederfüßergruppen, von denen viele wie die Dreilapper (Trilobita) längst ausgestorben sind. Zu den Überlebenskünstlern, die es bis heute „geschafft" haben, gehören Krebse, Tausendfüßer und Insekten sowie die Spinnentiere. Sie alle besitzen das arthropodentypische Außenskelett aus Chitin-Protein, an dem gegliederte Extremitäten ansitzen (Gliederfüßer!). Ausbildung und Lage der Gliedmaßen am segmentierten Körper und molekulare Daten liefern wichtige Hinweise zur stammesgeschichtlichen Verwandtschaft der Arthropodengruppen (WEYGOLDT 1998).

Vereinfacht könnte man sagen, dass Krebse, Tausendfüßer und Insekten „Erfinder" kauend-beißender Mundwerkzeuge waren (bestehend aus einem Paar Mandibeln und zwei Paar Maxillen), weshalb man sie als Mandibulata zusammenfasst. Diese Mundwerkzeuge wurden vielfach „umgebaut" - man denke nur an die leckenden, saugenden oder stechenden Mundwerkzeuge von Insekten. Als Schwestergruppe der Mandibulata gelten die Arachnomorpha, zu denen als größte Gruppe die Chelicerata zählen (WEYGOLDT 1998). Die marinen Asselspinnen (Pantopoda) und Schwertschwänze (Xiphosura) zählt man dazu, aber auch die landlebenden Arachnida (Spinnentiere), unter denen die Skorpione eine besondere Stellung einnehmen.

Die Chelicerata („Scherenträger") verdanken ihren Namen den wie kleine Scheren oder Greifer arbeitenden Mundwerkzeugen, den Cheliceren. Während diese bei Skorpionen tatsächlich noch wie Greifzangen aussehen, haben

Die Cheliceren eines Skorpions arbeiten wie kleine Greifzangen. Foto: R. Lippe

Spinnen z.B. eine fingerartige Giftklaue entwikkelt, mit der sie ihre Beute bearbeiten. Und unter den Milben gibt es Blut saugende Quälgeister wie die Zecken, die mit ihren stilettartigen Cheliceren die Haut ihrer Opfer anstechen. Will man Mandibulaten und Cheliceraten „einfach so“ voneinander unterscheiden, kann man

Die Cheliceren der Spinnen enden in einer beweglichen Giftklaue, die bei dieser drohenden Vogelspinne (***Psalmopoeus cambridgei***) wie glänzend-schwarze Dolche aussehen. Foto: D. Mahsberg

auf ein leichter einsehbares Merkmal als die Mundwerkzeuge zurückgreifen: während man am Kopf der Mandibelträger immer ein (Insekten, Tausendfüßer) bzw. zwei Paar (Krebstiere) Fühler (Antennen) findet, sind die Scherenträger immer fühlerlos. Zur speziellen Zoologie der Arthropoden s.a. Westheide & Rieger (1996).
Zurück zu den Spinnentieren (Arachnida), die etwa 60 000 Arten umfassen. Skorpione (Scorpiones oder Scorpionida) machen davon zwar nur ein Fünfzigstel der Arten aus, sind aber mindestens so bekannt wie die anderen Spinnentierordnungen, die man als Lipoctena zusammenfasst. Dazu gehören u.a. die Webspinnen (Araneae), Weberknechte (Opiliones), Pseudoskorpione (Pseudoscorpiones) und Milben (Acari). Während diese Arachniden auch in unseren Breiten vorkommen, findet man Walzenspinnen (Solifugae), Geißelspinnen (Amblypygi), Geißelskorpione (Uropgygi) sowie einige weitere artenarme Ordnungen vorwiegend bzw. ausschließlich in den Tropen und Subtropen.

Vom Wasser ans Land

In einem der spannendsten und folgenschwersten Kapitel in der Evolution spielten Arthropoden eine Hauptrolle: beim Übergang vom Wasser zum Land. Spinnentiere wagten sich vermut-

Die tropischen Geißelspinnen (*Amblypygi*) mit ihren langen Pedipalpen fressen Insekten bei lebendigem Leib, da sie im Gegensatz zu Skorpionen und Spinnen ungiftig sind. Foto: D. Mahsberg

lich im Silur aus dem Wasser. Sekundär sind die Wassermilben und die Wasserspinne *Argyroneta aquatica* (als einzige von 35 000 Spinnenarten!) wieder ins feuchte Element zurückgekehrt.

Viele Eigentümlichkeiten des Körperbaus und Verhaltens von Spinnentieren lassen sich als Anpassungen an die Landlebensweise erklären, die besondere Vorkehrungen zum Schutz vor Wasserverlust verlangt (s.a. MAHSBERG 1997). Eine besonders wirksame Verdunstungsbarriere ist die wie poliert glänzende Epicuticula, eine nur etwa zwei Mikrometer dicke Körperauflage aus gegerbtem Eiweiß, Fetten und Wachsen. Dank dieser Imprägnierung verlieren Skorpione über die Körperoberfläche kaum Wasser, wobei Wüstenarten besonders sparsam sind. Manche ertragen auch einen Wasserverlust von bis zu einem Drittel ihres Körpergewichts. Trotzdem können auch an aride Bedingungen gut angepasste Skorpione vertrocknen und sterben, wenn man sie permanent zu warm hält. Wenn manche Arten kurzfristig auch Temperaturen um 45 °C tolerieren, so verändert sich dabei doch die molekulare Struktur des epicuticulären Schutzmantels, der dann seine Funktion als Wassersperre verliert.

Milben sind die weitaus artenreichsten Spinnentiere. Hier ***Dinothrombium tinctorium*** aus Westafrika.
Foto: D. Mahsberg

Landlebewesen müssen nicht nur ihre Körperoberfläche, sondern auch ihr Atemsystem vor übermäßigem Wasserverlust schützen. Die Kiemenblättchen (Buchkiemen) an den Hinterleibsbeinen, mit denen die marinen Pfeilschwänze Sauerstoff aus dem vorbeiströmenden Wasser aufnehmen, wären an Land als Atemorgane völlig ungeeignet, da sie zusammenkleben und austrocknen würden. Daher haben Spinnentiere ihre Atemorgane geschützt ins Körperinnere verlagert (nur die meisten Milben können wegen ihrer Winzigkeit gänzlich auf Atemorgane verzichten). Bei einigen Ordnungen, so auch bei Skorpionen, münden auf der Bauchseite des Hinterleibs Buch- oder Fächerlungen. Ihren Namen tragen sie wegen der zahlreichen hämolymphdurchströmten Atemtaschen, die wie die Seiten eines Buches oder wie die Lamellen eines Fächers übereinander liegen. Mit der Außenluft stehen diese Atemorgane über Stigmenöffnungen in Verbindung. Spinnen besitzen ebenfalls Fächerlungen, atmen aber zusätzlich noch über feinverzweigte Röhrentracheen, die denen der Insekten sehr ähnlich sind (FOELIX 1992). Das höchstentwickelte Atemsystem aller Spinnentiere besitzen die flinken Walzenspinnen (Solifugae), deren Körper ausschließlich von einem leistungsfähigen Netz von Tracheen durchzogen ist. Der eindiffundierte Luftsauerstoff koppelt bei allen Arthropoden an das kupferhaltige Atmungsprotein Hämocyanin an, das in der Körperflüssigkeit (Hämolymphe) gelöst ist und den Transport des lebenswichtigen Gases zur Zelle übernimmt. Das „Blut" von Skorpionen ist farblos und nicht rot wie das hämoglobinhaltige des Menschen. Skorpione werden aber „blaublütig", wenn ihr Hämocyanin mit Sauerstoff beladen ist.

Wenn man von manchen pflanzensaugenden oder organischen Abfall fressenden Milben absieht, sind fast alle Spinnentiere Räuber. Sie können ihre Beute aber nicht als Ganzes hinunterschlukken, da selbst große Vogelspinnen eine vergleichs-

Walzenspinnen (Solifugae) bevorzugen wie Skorpione warme Lebensräume, wo sie dann oft in Räuber-Beute-Beziehung zueinander stehen. Foto: D. Mahsberg

weise winzige Mundöffnung besitzen und kauende Mundwerkzeuge fehlen. Auch Skorpione eröffnen und bearbeiten ihre Beute mit den Cheliceren und speicheln sie dabei mit einem enzymhaltigen Sekret der Mitteldarmdrüsen ein, das außerhalb des Körpers die chemische Nahrungszerlegung einleitet. Der so verflüssigte Nahrungsbrei wird durch die Pumpwirkung des muskulösen Vordermagens zur weiteren Verdauung eingesogen. Unverdauliche Partikel filtern Spinnentiere vor der Mundöffnung durch Haarreusen aus. Die bereits erwähnte Wasserspinne simuliert Landbedingungen, damit auch bei ihr die Außenverdauung funktioniert: sie zieht sich zum Fressen unter Wasser in eine Luftglocke zurück (FOELIX 1992).

Auch das Ausscheidungssystem der Spinnentiere (ebenso wie das von Tausendfüßern und Insekten) verrät, was für effiziente „Wassersparer" diese Landbewohner sind. Mit Hilfe der Malpighi-Gefäße – blind geschlossenen Schläuchen an der Grenze vom Mittel- zum Enddarm - bilden sie einen exkrethaltigen Primärharn, dem im Enddarm noch restliche Nährstoffe und Wasser entzogen werden. Entgiftet wird der Körper durch Abgabe einer weißlichen Paste aus Guanin, einem wasserunlöslichen stickstoffhaltigen Stoffwechselendprodukt.
Spinnentiere mussten auch Alternativen zur äußeren Besamung entwickeln, die sich sonst nur Wasserbewohner leisten können (z.B. Fische, Amphibien). Skorpione paaren sich, indem sie

Spermien über eine Spermatophore an das Weibchen übergeben.
Neben den Mundwerkzeugen besitzen Spinnentiere erkennbare Gliedmaßen (Pedipalpen und Laufbeine) nur am Vorderkörper, den man bei Cheliceraten allgemein als Prosoma bezeichnet (mit dem „Cephalothorax" mancher Krebstiere hat dieser Körperabschnitt nichts zu tun). An den Vorderkörper schließt der Hinterleib (Opisthosoma) an. (Hier sollte man nicht von einem „Abdomen" sprechen, da dieser Begriff dem Hinterkörper von Krebstieren und Insekten vorbehalten ist.) Übrigens ist es leicht, die grundsätzlich sechsbeinigen Insekten nicht mit Spinnentieren zu verwechseln, die (mit Ausnahme der sechsbeinigen Milbenlarven) immer vier Paar Laufbeine besitzen.

Überlebenskünstler Skorpion

Skorpione kann man als „lebende Fossilien" bezeichnen, denn ihre Wurzeln reichen bis ins mittlere Silur zurück (vor 450 Millionen Jahren), wo sie vermutlich noch semiaquatisch lebten. Man nimmt an, dass ihre nächsten Verwandten die im urzeitlichen Süß- und Brackwasser weit verbreiteten Seeskorpione (Eurypterida) waren, von denen viele bereits einen skorpionähnlichen „Schwanz" mit einem Stachelanhang sowie zum Beutefang geeignete Vorderextremitäten besaßen. Mit einer Länge von 1,8 Metern war *Pterygotus rhenanus* nicht nur der größte dieser faszinierenden Unterwasserjäger, sondern auch einer der größten bisher bekannten Arthropoden. Während Seeskorpione ausstarben, wurden Skorpione immer erfolgreicher und dürften die „Top-Räuber" paläozoischer Landlebensräume gewesen sein. Skorpione erreichten ihre Blüte vor ca. 300 Millionen Jahren im Karbon. Neben dem fossilen, etwa einen Meter langen *Praearcturus gigas* hätten selbst die Riesen unter den heute lebenden Skorpionen wie Zwerge gewirkt. Die morphologische Vielfalt der nur etwa 100 bekannten fossilen Skorpione deutet darauf hin, dass die neun heute noch existierenden (rezenten) Familien nur ein kleines Überbleibsel einer artenreichen Skorpionahnenreihe sind. Skorpione sind nicht nur stammesgeschichtliche Überlebenskünstler. Als wechselwarme Tiere sind sie weitgehend von externen Wärmequellen abhängig, die Körpertemperatur und Aktivität damit unmittelbar beeinflussen. Dank einer unter Arthropoden unvergleichlichen Fähigkeit zur Stoffwechselabsenkung können sie aber auch auf „Sparflamme" schalten und so Nahrungsengpässe bzw. Wasserknappheit überstehen. Machen sie Beute, setzen sie viel davon in eigene Körpersubstanz um und lassen nur wenig ungenutzt. Verdauungszentrum und Nährstoffspeicher ist der Hepatopankreas („Leber"), ein schlauchförmiges Drüsenorgan im Mesosoma mit großer Oberfläche, das etwa ein Fünftel der Körpermasse eines Skorpions ausmacht. Wenn manche Skorpione einige Monate oder ein Jahr lang schadlos hungern können, relativiert sich die Sorge des Terrarianers, wenn „sein Tier" einmal eine Woche fastet.
In Horrorszenarien zur Welt nach dem totalen Atomkrieg sollen neben strahlenfesten Schaben auch Skorpione das Inferno überleben. Es bleibt zu hoffen, dass uns dieses Experiment erspart bleibt. Die im Vergleich zum Menschen um das 100fache höhere Widerstandsfähigkeit mancher Wüstenskorpione gegen Gamma- und Röntgenstrahlung ist jedoch nachgewiesen (NIAUSSAT & GRENOT 1968). Sie korreliert mit einem geringen DNA-Gehalt ihrer Körperzellen, einem groben Maß für Strahlenresistenz (Skorpione feuchterer Lebensräume sind sehr viel strahlungsempfindlicher und weisen höhere DNA-Werte auf). Vielleicht liegen in solchen Anpassungen auf molekularer Ebene, zusammen mit effektiven Mechanismen der DNA-Reparatur, die eigentlichen „Tricks" für das Jahrmillionen lange Fortbestehen von Skorpionen.

Körpergliederung und Extremitäten

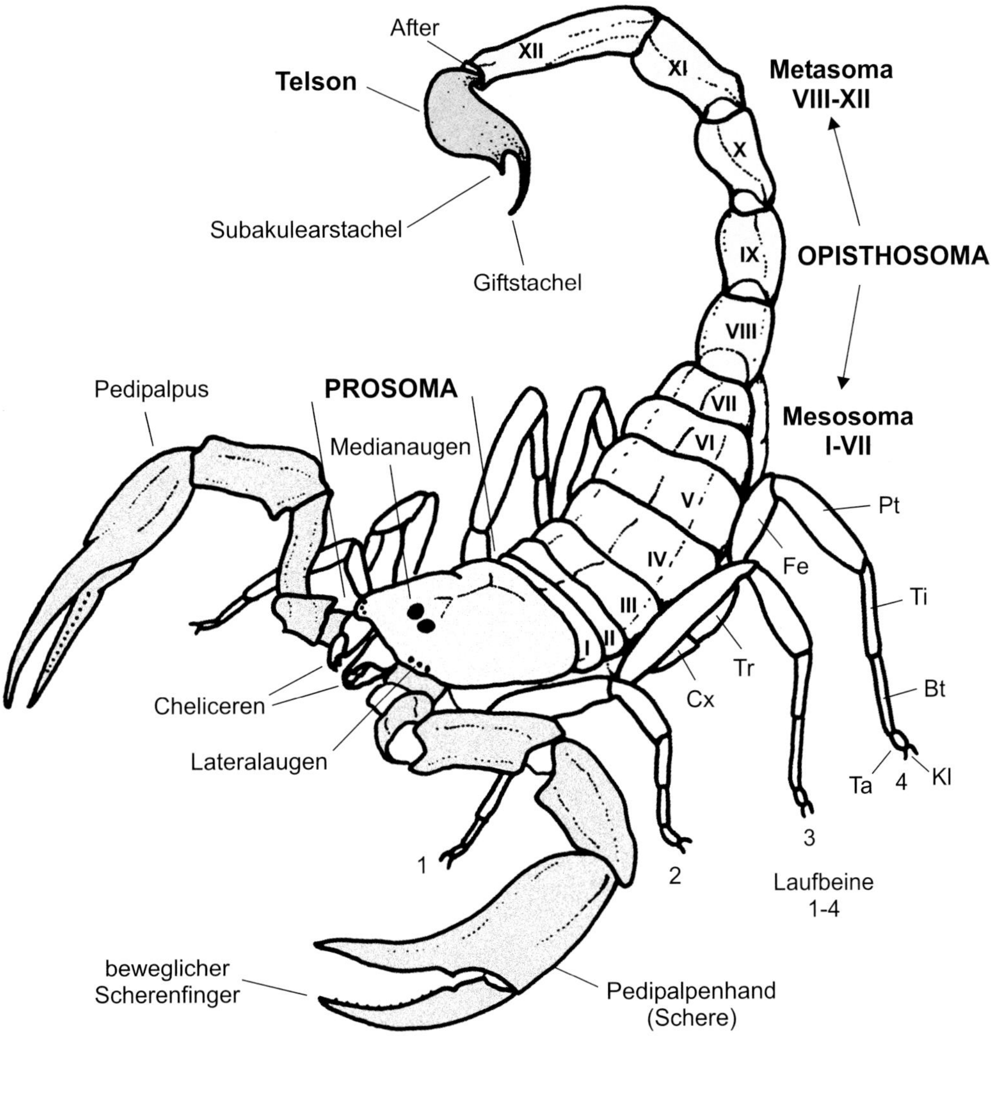

Abb. 1 – Körperbau eines Skorpions. Schema, verändert nach einer Zeichnung von R. KINZELBACH. Segmente der Laufbeine 1-4: Cx Coxa (Hüfte), Tr Trochanter (Schenkelring), Fe Femur (Oberschenkel), Pt Patella (Knie), Ti Tibia (Schienbein), Bt Basitarsus, Ta Tarsus (Fuß), Kl Klauen

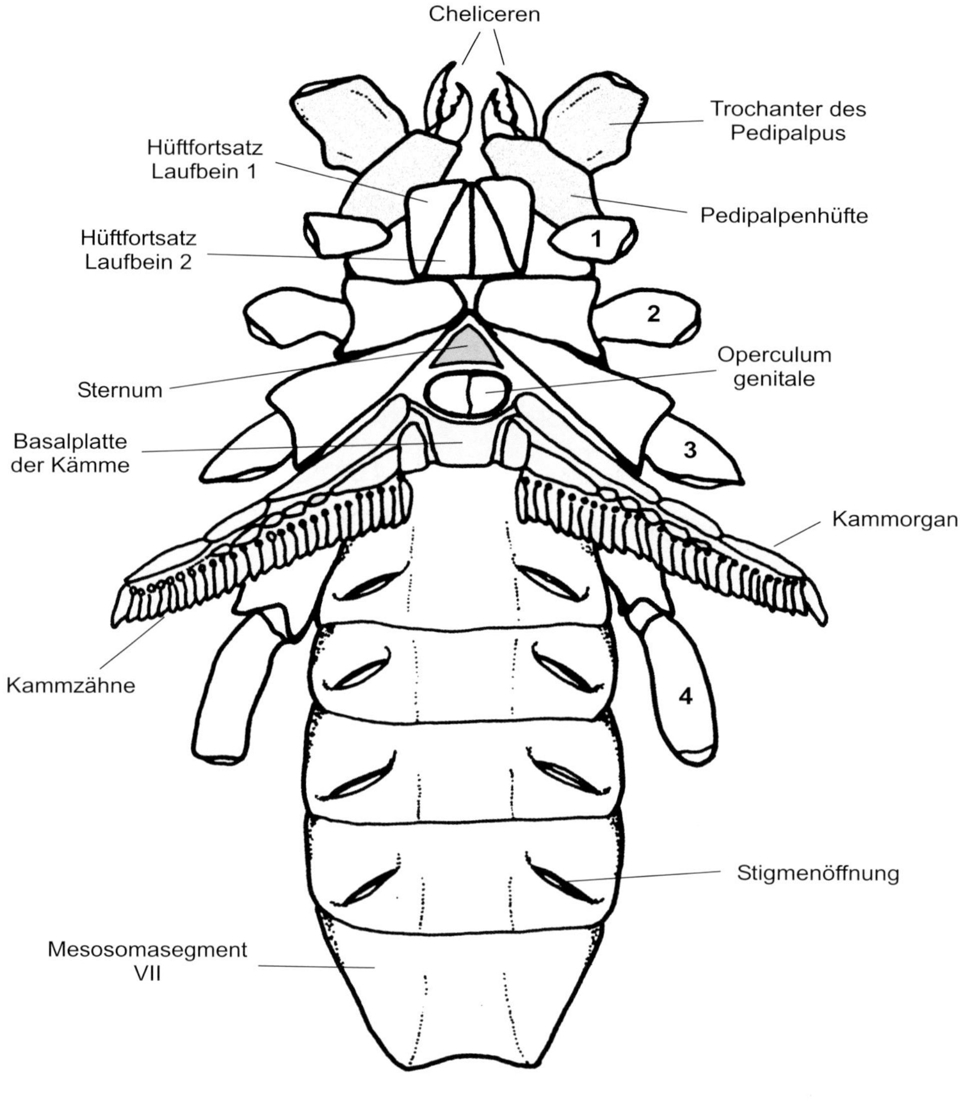

Abb. 2 – Skorpion von unten (Teilansicht). 1-4: (Segmente der) Laufbeine. Nach LEVY & AMITAI (1980).

Typisch Skorpion

Die Gesamterscheinung (Habitus) eines Skorpions wird von seiner Körpergliederung geprägt, die trotz prinzipieller Gemeinsamkeiten mit anderen Arachniden skorpiontypische Besonderheiten aufweist. Wie bei allen Spinnentieren gliedert sich der 18-segmentige Körper in zwei große Abschnitte, die ohne Einschnürung (wie man sie z.B. bei Spinnen findet) ineinander übergehen: den Vorderkörper (Prosoma) und den Hinterleib (Opisthosoma). Die Grenze zwischen diesen beiden Körperabschnitten liegt am Hinterrand des Carapax, einem in Aufsicht ungegliederten Rückenschild, das den Vorderkörper schützend bedeckt und in dessen Zentrum zwei Medianaugen zu sehen sind. Der Hinterleib der Skorpione zeigt eine ungewöhnliche Zweiteilung. Die ersten sieben Segmente, die man als Mesosoma zusammenfasst, sitzen breit am Prosoma an. Die mesosomalen Rücken- und Bauchplatten sind durch weiche Intersegmental- und Flankenhäute (Pleuren) verbunden, die bei gut genährten oder trächtigen Skorpionen stark gedehnt sind und die Tiere dann „dick“ erscheinen lassen. Bei den folgenden fünf Segmenten fehlen Pleuren. Vielmehr sind Rücken- und Bauchplatten zu Chitinringen verwachsen, die gelenkig miteinander verkoppelt sind. Dieses Metasoma, der „Schwanz“ der Skorpione, gehört noch zum Hinterleib, was auch die Lage der Afteröffnung am Ende des fünften Rings beweist. Das anschließende blasige und spitz zulaufende Gebilde hat Skorpionen zu ihrem

Scorpio maurus tunetanus (Scorpionidae) aus Süd-Tunesien in Drohstellung. Foto: D. Mahsberg

schlechten Ruf verholfen: es ist der Giftstachel (Tergaldorn bzw. Telson), der paarige Giftdrüsen enthält.
Skorpione scheinen konservative Wesen zu sein, da sie ihre charakteristische Körpergliederung seit dem Silur beibehalten haben. Offensichtlich hat sich ihr Bauplan aber hervorragend bewährt!

Was Skorpione mit ihren Gliedmaßen machen

Werfen wir einen Blick auf die Extremitäten, dann fallen sofort die Pedipalpen auf, deren Hände zu Greifscheren umgebildet sind, ähnlich wie bei einem Krebs (bei dem im Gegensatz zu Skorpionen der bewegliche Finger immer oben liegt). Die Schneiden der Scherenfinger sind in oft gattungsspezifischer Art und Weise mit Tuberkeln oder kräftigen Zähnen aus besonders hartem Chitin besetzt und damit bestens geeignet, Beute zu packen, festzuhalten oder auch zu töten. Gerade große Skorpione (z.B. der Gattungen *Pandinus, Opisthophtalmus* und *Heterometrus*) nutzen primär ihre Scherenkraft und setzen den Giftstachel eher selten ein. Bestimmte *Opisthophtalmus*-Arten knacken sogar Schneckengehäuse! Obwohl dies sehr „beeindruckend" ist, können solche großen Skorpione aber niemals Finger brechen, wie man manchmal liest. Die Pedipalpen sind auch Sitz zahlreicher Sinnesgruben und -haare, die vor allem mechanische und chemische Reize der Umgebung aufnehmen. Die interessante Funktion der feinen Becherhaare (Trichobothrien) wird später erläutert („Nichts als Haare..."').
War die Jagd erfolgreich, führt der Skorpion sein Opfer mit den Scherenhänden zu den Cheliceren, die zwischen den Pedipalpenhüften an der Prosomavorderwand liegen. Die Bezahnung der Chelicerenfinger ist ebenfalls ein wichtiges Bestimmungsmerkmal. Die Cheliceren greifen als kleine dreigliedrige Scherchen alternierend aus dem Mundvorraum heraus und zerpflücken die Beute, die gleichzeitig mit Verdauungssaft eingespeichelt wird. Skorpione lassen sich beim Fressen meist viel Zeit und es kann Stunden dauern, bis sie die durch Enzyme vorverdaute Nahrung restlos eingesaugt haben. Kräftige Borsten an der Innenseite der Cheliceren verhindern das Eindringen unverdaulicher Reste in den Mundvorraum. Vom Mahl bleibt meist nur ein Klumpen zerhäckselter Gliederfüßerpan-

Kaiserskorpione (***Pandinus imperator***) greifen gemeinsam einen tropischen Diplopoden an. Am letzten Körperdrittel ist ein durch Scherendruck aufgebrochener Rumpfring zu sehen. Foto: D. Mahsberg

Kaiserskorpion (***Pandinus imperator***) frisst tropischen Diplopoden. Die Cheliceren pflücken gerade einen weiteren Rumpfring ab.

Foto: D. Mahsberg

Der schwarze ***Androctonus bicolor aeneas*** (Buthidae) aus Nordafrika ist ein geschickter, schneller und aggressiver Jäger. Foto: D. Mahsberg

Opisthophtalmus flavescens haben z.B. lange Haarsäume an den Tarsen, um nicht im Sand einzusinken. Klettermeister unter Skorpionen sind schlankbeinige tropische Buthiden. Den Rekord dürfte *Tityus paraensis* halten, der nach LOURENÇO (1997) im Kronendach von bis zu 40 Meter hohen Primärwaldriesen gefunden wurde. An glatten Flächen finden Skorpionfüße keinen Halt, da ihnen Haftlappen fehlen, wie sie z.B. bei vielen Insekten vorkommen.

Zwischen den Hüften der dritten und vierten Laufbeinpaare liegt die Brustplatte (Sternum), deren Form für die Bestimmung von Skorpionen auf Familienniveau sehr wichtig ist.

zerung übrig. Mit etwas Erfahrung sowie Freude am „Puzzlen" kann man dann auch posthum noch Rückschlüsse auf die Beute des Skorpions ziehen.

Mit ihren vier Paar Laufbeinen, die aus jeweils acht Gliedern zusammengesetzt sind, können Skorpione gut laufen, klettern und graben. Ein schlankbeiniger *Androctonus bicolor aeneas* brachte es bei einem Fluchtlauf auf 0,72 km/h (Mahsberg, unveröffentl.).

Allerdings sind Skorpione keine Dauerläufer, sondern nach Physiologie und Verhalten eher Ansitzjäger, die nach kurzer Aktivität lange Ruhepausen einlegen (müssen).

Die Fußglieder (Tarsen) mit ihrer zweihakigen Kralle sind gut an den spezifischen Untergrund angepasst. In Dünen lebende Skorpione wie

Unterseite eines männlichen Kaiserskorpions (***Pandinus imperator***) mit fünfeckigem Sternum, Genitalplatte und Kämmen. Die Kammzähne sind länger als die der Weibchen. Foto: K. E. Linsenmair

Eine evolutive Neuheit der Skorpione, die diese Arachniden damit eindeutig charakterisiert, sind die beweglichen, dicht mit Sinnesorganen besetzten Kammorgane (Pectines), die wegen ihrer Kammzinken ähnlichen Zähne keinen treffenderen Namen tragen könnten. Wie die Spinnwarzen der Spinnen (FOELIX 1992) sind sie aus umgebildeten Gliedmaßen hervorgegangen. Setzt man einen Skorpion in ein Glas und betrachtet ihn von unten, sieht man die Kämme V-förmig vom Körper abstehen. Wozu Skorpione einen Kamm brauchen, wird später erläutert.

Von unten erkennt man weitere rudimentäre bzw. umgewandelte Extremitäten. Vor dem Kammansatz liegt schützend über der unpaaren Geschlechtsöffnung der längsgeteilte Geschlechtsdeckel (Operculum genitale). Am linken und rechten Rand der folgenden vier Bauchplatten erkennt man je eine schlitzförmige Atemöffnung (Stigma). Die Stigmata stellen die verschließbaren Eingänge zu den Buch- oder Fächerlungen dar. Sie regeln durch Veränderung ihrer Eintrittsfläche die Luftzufuhr und können auch völlig geschlossen werden, was besonders Wüstentiere wie den Dickschwanzskorpion *Androctonus australis* vor dem gefährlichen Verlust von Atemfeuchtigkeit bewahrt. Arten feuchter Mikrohabitate (z.B. Gattung *Euscorpius*) sind dagegen sehr viel anfälliger gegen Austrocknung und sterben schnell, wenn man sie zu einem „Leben in der Wüste" zwingt.

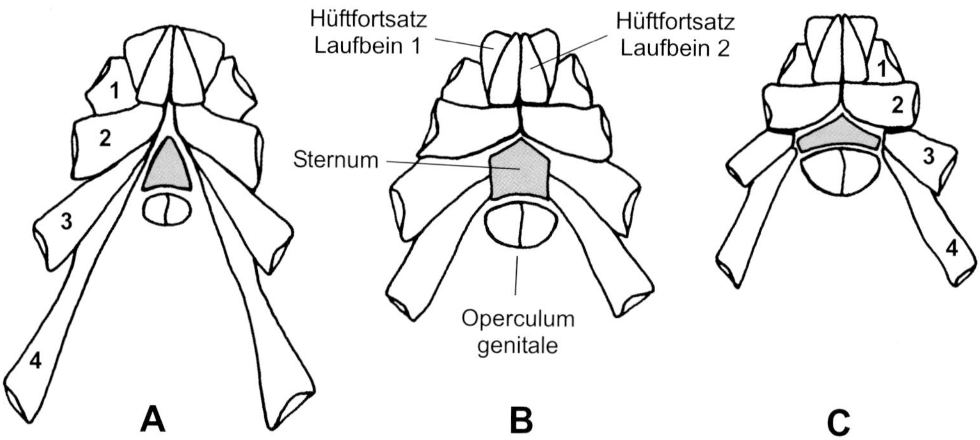

Abb. 3 – Sternalregion von Skorpionen verschiedener Taxa. Sternum (Brustschild) grau.
A) Dreieckiges (subtriangulares) Sternum: Buthidae.
B) Fünfeckiges (subpentagonales) Sternum: Scorpionidae, Diplocentridae, Chactidae, Vaejovidae, Ischnuridae, Iuridae.
C) Transversales schlitzförmiges Sternum: Bothriuridae. Das Sternum der Chaerilidae entspricht Typ B), der Hüftfortsatz (Coxapophyse) von Laufbein 1 ist am Vorderrand breit und läuft in eine spitze Ecke aus. Nach SISSOM (1990).

Die Sinneswelt der Skorpione

Was sehen Skorpione?

Skorpione haben zwei Typen von Augen, die sich neben ihrem Feinbau durch ihre Lage am Prosoma unterscheiden. Die beiden Median- oder Hauptaugen mit ihren glänzenden Glaskörpern liegen nebeneinander etwa in der Mitte des Carapax und überblicken den gesamten Raum über dem Tier, während zwei bis fünf oft nur schwer erkennbare Lateral-(Neben-)augen jeweils an der linken bzw. rechten vorderen Seitenkante des Carapax stehen. Die glaskörperlosen Lateralaugen sind vermutlich reduzierte Komplexaugen, die man unter den Cheliceraten nur von fossilen Skorpionen und den rezenten Pfeilschwänzen kennt.

Auf Grund des Feinbaus seiner bis zu zwölf höchstens stecknadelkopfgroßen Augen sieht ein Skorpion nicht sonderlich gut. Auch nahe Beute wird er nicht wirklich erkennen - seinen Pfleger schon gar nicht. Skorpionaugen arbeiten vielmehr wie Nachtsichtgeräte, mit denen sie sich in für uns Tagwesen stockfinsteren Neumondnächten noch gut im Gelände orientieren können. Das Frankfurter Zoologenehepaar Fleissner zeigte an Wüstenskorpionen, dass die Wanderung sogenannter Schirmpigmente in den Sehzellen zu einer periodischen Empfindlichkeitsveränderung der Medianaugen führt, die nachts dann über 1000mal lichtempfindlicher sind als am Tag (FLEISSNER 1986). Dies könnte Skorpionen sogar den nächtlichen Sternenhimmel als Landkarte erschließen (LINSENMAIR 1968). Der Tag-Nacht-Rhythmus der Pigmentwanderungen bleibt auch im stockfinsteren Versuchslabor bestehen und spiegelt sich im Verhalten des Skorpions wieder, der dann „tags" ruht und „nachts" wieder aktiv wird. Da die innere Uhr, die Ruhe- und Wachphasen einläutet, nicht im exakten 12-Stunden-Rhythmus geht (sie ist nur eine circa-diane Uhr), weicht das Aktivitätsmuster eines Skorpions bei „Dunkelhaft" mit der Zeit immer mehr vom natürlichen Tag-Nacht-Wechsel ab. Unter normalen Bedingungen stellen Skorpione mit Hilfe ihrer belichtungsmessenden Lateralaugen die innere Uhr immer wieder nach. Sie steuert den Tagesablauf physiologischer Prozesse und regelt das Verhalten. Sehen hat für einen Skorpion damit Qualitäten, die weit über reines Bildsehen hinausreichen.

Vorderkörper eines Skorpions (***Opisthophtalmus flavescens***): zu sehen sind die Median- und Lateralaugen auf dem Carapax, die dunkelbraunen Cheliceren, die Pedipalpen mit Sinneshaaren und Laufbeine.
Foto: D. Mahsberg

Wo Tiere unter völliger Dunkelheit leben, werden Sehorgane entbehrlich. Daher haben auch einige Skorpionarten, die man in viele Hundert Meter tiefen Höhlen entdeckte, ihre Augen zurückgebildet oder völlig verloren. Aber auch diese „Blinden“ fangen Beute, finden Partner und weichen Feinden aus. Skorpione scheinen ihre Umwelt zu erfühlen. Wie gelingt ihnen das?

Nichts als Haare...

Alle Spinnentiere sind, auch wenn sie auf den ersten Blick kahl erscheinen, mehr oder weniger dicht behaart. Die meisten dieser Haare sind winzig klein, stehen mit Nerven in Verbindung und sind demnach Sinneshaare, die dem Tier Informationen über seine Umwelt vermitteln. Neben ihrer unterschiedlichen Länge (Makro- bzw. Mikrochaeten) lassen sich diese Haare am besten nach ihrer Funktion unterscheiden. Es gibt Sinneshaare, die auf direkte Berührung ansprechen und die Stärke oder chemische Natur eines Kontaktreizes melden. Solche zum „Schmecken“ geeigneten Kontaktchemosensillen sitzen gehäuft an Mundwerkzeugen und Scheren oder auch an den Füßen. Es kann durchaus sein, dass ein Skorpion plötzlich stehen bleibt, zu graben beginnt und schließlich ein Insekt in den Scheren hält. Die Fähigkeit, dessen „Duftmarke“ bei Kontakt mit dem Boden wahrzunehmen, ist für Skorpione nachgewiesen (KRAPF 1986).
Skorpione scheinen oft einfach abzuwarten, bis ihnen Beute in die offenen Scheren läuft. Trotzdem sind sie zumindest im Dezimeterbereich auch zu einer Zielortung beweglicher Beute in der Lage. Mit raffinierten Versuchen wies der Biologe PHIL BROWNELL (1985) nach, dass der nordamerikanische Sandskorpion *Paruroctonus mesaensis* (Vaejovidae) eine im Sand verborgene, über einen halben Meter entfernte Schabe zu erbeuten vermag, auch wenn der Räuber eine dichte Augenbinde verpasst bekommen hatte. BROWNELL zeigte, dass sich der Skorpion von den schwachen Bodenerschütterungen leiten ließ, die sich wie Erdbebenwellen um die grabende Schabe ausbreiteten. Sinneshaare und Spaltsinnesorgane an den Beinen des Skorpions werden durch dieses „Erdbeben“ gereizt, in dem die Informationen über Richtung und Entfernung der Vibrationsquelle verschlüsselt sind und die vom Skorpion blitzschnell decodiert werden können. Ihr unglaubliches Erschütterungsempfinden kann das Beobachten von Skorpionen in der Natur sehr erschweren, da ein unvorsichtiger Tritt auf ein trockenes Ästchen den in einigen Meter Entfernung lauernden Räuber meist für den Rest der Nacht in seiner sicheren Höhle verschwinden lässt.
Skorpione können nicht nur Erschütterungen des Untergrunds, sondern auch feinste Luftbewegungen registrieren. Wie die meisten Arachnidenordnungen besitzen sie feine Sinneshärchen, die Becherhaare oder Trichobothrien. Anders als z.B. bei Spinnen, wo man Trichobothrien auf Pedipalpen und Laufbeinen findet (FOELIX 1992), sind sie bei Skorpionen auf die Pedipalpen beschränkt. Trichobothrien sind mit dem bloßen Auge nicht zu erkennen, denn selbst beim großen Kaiserskorpion sind sie nur etwa zwei Millimeter lang und wenig mehr als ein

Trichobothrium von ***Androctonus australis***, 500x vergrößert (nat. Länge. ca. 1,5mm).
REM-Aufnahme: K. Meßlinger

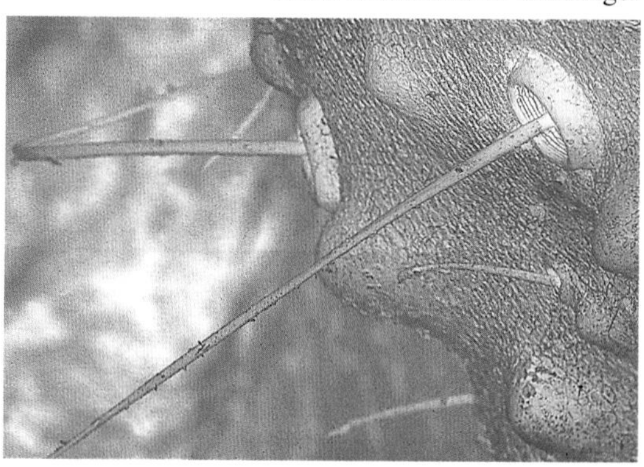

Abb. 4 - Positionen der Trichobothrien auf einem Pedipalpus des Kaiserskorpions (***Pandinus imperator imperator***), einer Art mit „überzähligen Sinneshaaren". Die insgesamt 85 Trichobothrien der Außen-(e), Innen- (i), Ober- (d) und Unterseite (v) sind auf die Scherenhand (obere Reihe) sowie auf Tibia (mittlere Reihe und unten links) und Femur (unten rechts) verteilt. Die Schwingungsebene der Trichobothrien der Unterseite (v) ist eingezeichnet. Nomenklatur nach VACHON (1973).

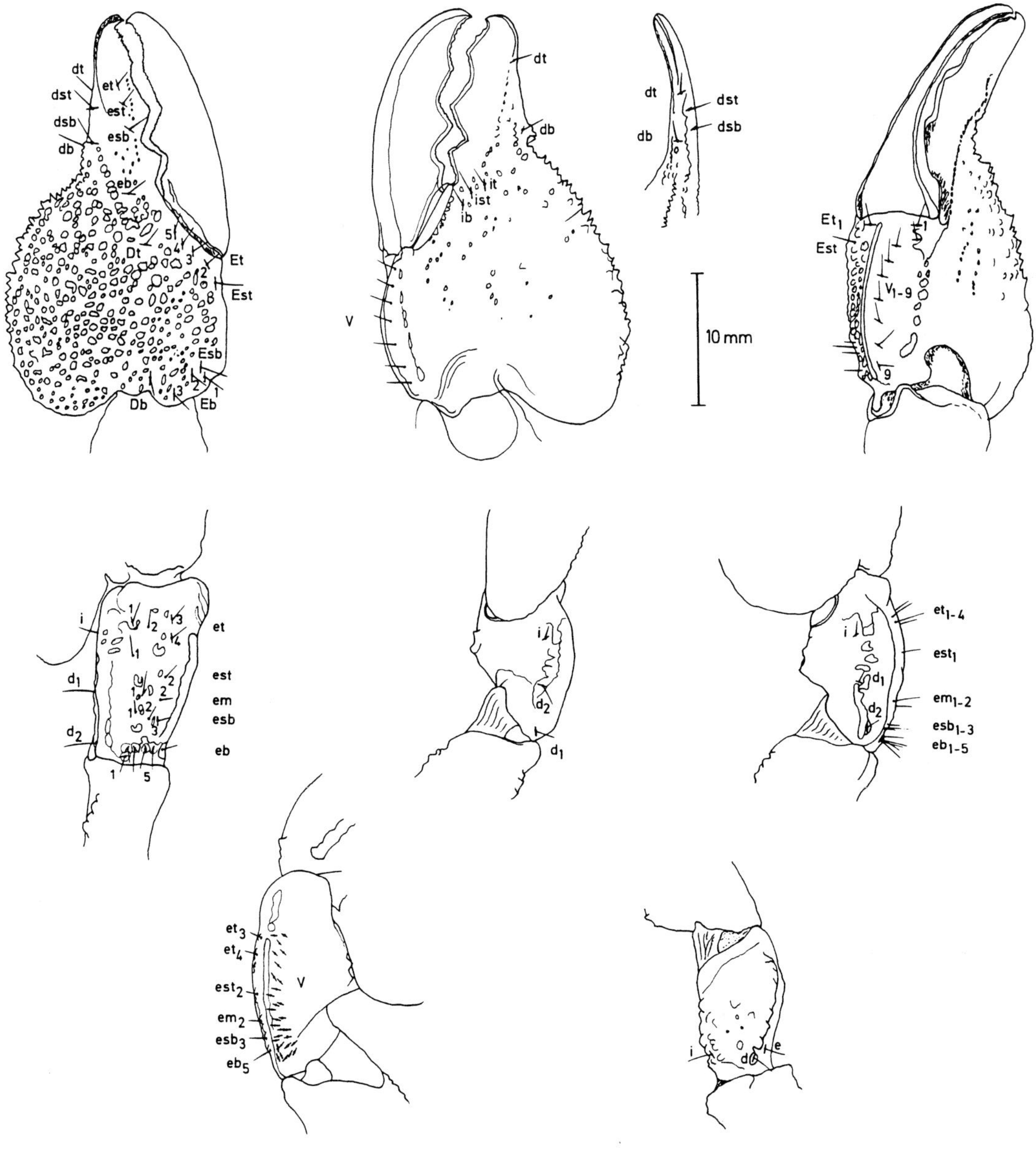

20-stel Millimeter dick. Jedes Haar steht in einer becherartigen Vertiefung der Cuticula und ist von einem auffälligen Wulst umgeben, dessen Form an einen Schwimmreif erinnert. Trichobothrien fangen beim feinsten Lufthauch oder bei leichten Bewegungen in der Nähe sofort zu schwingen an, stehen beim Ausbleiben des Vibrationsreizes aber auch gleich wieder still. Wer einen Pedipalpus mit einer starken Handlupe oder besser unter einer mindestens 20-fach vergrößernden Stereolupe bei hellem Streiflicht betrachtet, kann sich von der hohen Auslenkungsempfindlichkeit dieser Sinneshaare selbst überzeugen - aber bitte nicht am lebenden Skorpion, da die Gefahr eines Stiches zu groß wäre. Sehr schön sieht man Trichobothrienbewegungen auch an Häutungsexuvien oder an einem frisch toten Tier.

Skorpione benötigen ihre Augen für eine exakte Beuteortung nicht, denn die Trichobothrien horchen wie ein Antennenwald das Nahfeld eines Skorpions auf Luftvibrationen ab. Die eingehenden Meldungen dieser Haare erlauben die genaue Peilung und den sicheren Fang eines Insekts, das z.B. unvorsichtig mit den Fühlern wedelt oder gar mit den Flügeln schwirrt. Die „Luftböen" eines flatternden Vogels oder einer sich plötzlich nähernden Hand können dagegen Rückzug oder Verteidigung auslösen.

Trichobothrien stehen in taxonspezifischem Muster auf den Pedipalpen, das ab der ersten Häutung konstant bleibt. Der französische „Skorpionprofessor" Max Vachon hat eine eindeutige Nomenklatur dieser Haare entworfen und mit der Trichobothriotaxie die Basis einer modernen Skorpionsystematik geschaffen. VACHON (1973) ordnete alle rezenten Familien drei Grundtypen zu, die sich in Zahl und Anordnung der Becherhaare unterscheiden. Buthiden haben fast alle 40 Trichobothrien je Pedipalpus, bei den meisten anderen Familien und Gattungen sind es 48, einige Gattungen wie *Pandinus* oder *Hadogenes* besitzen z.T. zwei- bis dreimal mehr, wobei die zusätzlichen Trichobothrien hauptsächlich auf der Ventralseite der Scherenhand stehen und möglicherweise bodennahe Reize erfassen. Leider ist die Trichobothriotaxie für den Laien auch wegen der Anforderungen an eine gute optische Ausrüstung nur selten praktikabel.

Skorpione - taubstumme Nachtwandler?

In der älteren Literatur werden Trichobothrien oft als „Hörhaare" bezeichnet, die z.B. einer Spinne auch Musik zugänglich machen sollen. Aus physikalischen Gründen können Trichobothrien aber weder Spinne noch Skorpion zum Musikgenuss verhelfen. Als empfindliche Sensoren für die sogenannte Nahfeldschnelle (die wir z.B. vor einem „wummernden" Basslautsprecher richtig spüren können) sind sie jedoch geeignet, die mit einem Geräusch einhergehende Luftbewegung zu registrieren. Für den „Skorpiondompteur" wird dies ernüchternd sein - wo sein Haustier doch immer so schön auf seinen Namen hörte, wenn man es rief...

Trotz dieser Höreinschränkungen sind etliche Skorpionarten zur Lauterzeugung fähig. Ihre hochfrequenten Zischlaute entstehen durch Stridulation. Dabei werden harte, geriefte Cuticulastrukturen aneinander gerieben. *Pandinus imperator* und *Heterometrus fulvipes* stridulieren beim drohenden Vor- und Zurückschwenken ihrer Pedipalpen. *Opisthophtalmus flavescens* reibt seine Cheliceren gegeneinander und *Rhopalurus*-Arten setzen zur Stridulation ihre Kämme ein. Wenn ein verärgerter *Parabuthus villosus* kurz mit der Stachelspitze über die Feilenzähnchen auf seinem Rücken streicht, nehme man sich in Acht: der kratzende Laut kann von einem gezielten Strahl fein verteilter Gifttropfen begleitet werden, die für die Augen gefährlich werden können. Dieser Namib-Bewohner macht die Funktion von Stridulation bei Skorpionen besonders eindrucksvoll deutlich: einem potentiellen Feind schon auf Entfernung klar zu machen, dass er es mit einem wehrhaf-

Rhopalurus juncaeus, ein mit den Kämmen stridulierender Buthide Mittelamerikas. Foto: D. Mahsberg

ten Gegner zu tun hat. Er verhält sich wie die brummende Hummel oder Wespe, die auch Beispiele für einen solchen „akustischen Aposematismus" sind. Bei Skorpionen in Gefangenschaft nimmt die Bereitschaft zur Stridulation mit der Zeit meist ab.

Wozu brauchen Skorpione einen Kamm?

Um die Funktion der Kämme (Pectines) rankten sich zum Teil wilde Spekulationen. Sogar der exzellente Naturbeobachter FABRE (1907) hielt sie noch für tödliche Fesseln, mit denen ein kannibalistisches Weibchen seinen Gatten umklammert. Feinstrukturelle und verhaltensphysiologische Untersuchungen zeigten, dass die Kämme der Skorpione „Vielzweckorgane" sind (neueste Ergebnisse siehe in BROWNELL & POLIS 2000). Sie sind mit Sinnesstrukturen gepflastert, deren Leistungen bei weitem noch nicht alle bekannt sind und wohl überwiegend der chemischen Kommunikation dienen. Mit den Kämmen können Skorpione die Untergrundbeschaffenheit beurteilen, Vibrationen orten, Wasser finden und Duftmarken von Beute und Artgenossen identifizieren. Buthiden können mit Hilfe ihres „Kammleitsystems" wie eine Klapperschlange die Spur einer Beute aufnehmen, die nach dem Giftstich noch entkommen konnte (KRAPF 1986). Betastet ein *Pandinus*-Männ-

Neben anderen Skorpionen bewohnt der Sand liebende (psammophile) ***Opisthophtalmus flavescens*** (Scorpionidae) die Dünen der Namib-Wüste. Er striduliert mit den Cheliceren, wenn er drohend seine Pedipalpen spreizt.

Fotos: D. Mahsberg

chen zufällig mit einem Kamm einen Fleck, auf dem vorher ein Weibchen saß, verfällt er unter dem Reiz ihrer Sexuallockstoffe sofort in ein erregtes Körperzittern (engl. juddering). Beim Paarungstanz melden die Kämme dem Männchen, wo sich solider Untergrund für die Spermatophore befindet. Kammorgane können auch das Geschlecht eines Skorpions verraten (siehe „Geschlechtsunterschiede und Zucht", S. 82).

Dieser Dickschwanzskorpion (***Androctonus australis***) ist bereit, durch die Vermittlung von Sinnesorganen an Beinen, Kammorganen und Pedipalpen blitzschnell auf Beute zu reagieren. Foto: K. E. Linsenmair

Die Lebensgeschichte eines Skorpions

Jäger und Beute

Skorpione sind überwiegend dämmerungs- und nachtaktive Jäger. Erst nach Einbruch der Dunkelheit verlassen sie ihr Versteck, das sie vor Sonnenaufgang längst wieder aufgesucht haben. Viele Skorpione bleiben bei Vollmond lieber zu Hause, da es für ihre lichtempfindlichen Augen einfach zu hell ist. Und außerdem würden Räuber sie dann umso besser sehen. Die großen *Pandinus imperator* oder *Heterometrus*-Arten laufen nach einem Tropenregen gelegentlich auch tagsüber herum, was gefährlich für sie ist. Denn Feinde, die an einem fetten Skorpion Gefallen finden und sich von Stachel und Scheren nicht abschrecken lassen, gibt es viele. Kaiserskorpione sind z.B. bei Hornraben, Kingfischern oder Schleichkatzen sehr beliebt. Die schlimmsten Feinde dieser Skorpione sind viel kleiner und suchen ihre Opfer zu jeder Tageszeit auch in ihrem Versteck heim: es sind die Heerzüge der aggressiven Treiberameisen (*Dorylus nigricans*).

Scorpio maurus zerrt in seiner nordafrikanischen Heimat auch bei hellem Sonnenschein immer wieder unvorsichtige Käfer oder Asseln in seine Höhle, in der er als „Türsteher“ lauert. Selbst ein Grashalm, mit dem man vorsichtig am Eingang anklopft, kann ihn zum Zupacken animieren. Außerhalb seines Verstecks ist *Scorpio* tagsüber ausgesprochen nervös und reagiert auf jede Bewegung und Erschütterung mit hektischem Abwehrverhalten. Nach Beute steht ihm dann niemals der Sinn.

Skorpione sind insofern „ehrliche Gesellen“, als man ihnen ihre Stimmung meist ansieht. Vor einem Buthiden, der mit nach vorne gebeugtem Metasoma dasitzt, den Stachel weit vor sich trägt und die Pedipalpen ausbreitet, sollte man sich in Acht nehmen. Entspannter ist er, wenn die Scheren am Körper angelegt sind und der Schwanz seitlich weggeklappt ist oder nach hinten zeigt. Entwarnung bedeutet dies aber weder für Beute noch Pfleger, denn neben schlafähnlicher Ruhe mit vermindertem Herzschlag können Skorpione auch „hellwache“ Ruhezu-

Tagsüber umherlaufender Kaiserskorpion (***Pandinus imperator***) in einem Galeriewald der Guinea-Savanne Westafrikas (Comoé-Nationalpark/Elfenbeinküste). Foto: D. Mahsberg

Dieser markierte Kaiserskorpion (***Pandinus imperator***) war bei einem Ausflug aus seiner Höhle von einer Schleichkatze erlegt worden (Comoé-Nationalpark/Elfenbeinküste). Foto: D. Mahsberg

Uroplectes otjimbinguensis (Buthidae) aus der Namib jagt bevorzugt Spinnen. Foto: D. Mahsberg

stände durchlaufen, in denen sie auf Beute oder Erschütterungsreize sehr empfindlich reagieren (TOBLER & STADLER 1988). Berührt man einen scheinbar ruhenden Skorpion an einer Scherenspitze nur leicht mit einer Grille (die man selbstverständlich mit einer langen Pinzette hält), wird er die Beute in vielen Fällen blitzschnell ergreifen und abstechen. Schmeck- und andere Sinneshaare haben ihm „Beutefang!" signalisiert. Darauf sind Skorpione meist dann aus, wenn sie mit zugriffsbereiten Scheren im Höhleneingang lauern oder langsam umherlaufen. Die meisten Arten bleiben beim Beutefang in Verstecknähe. Eine größere Laufaktivität entwickeln dabei solche Skorpione, die in der Vegetation jagen. *Uroplectes otjimbinguensis* sucht in der Namib z.B. Akazien nach bestimmten Spinnen ab, seiner Hauptbeute. Auch die Beute selbst kann Skorpione zu erhöhter Mobilität animieren: wenn in der westafrikanischen Savanne Termiten schwärmen, patrouillieren die Buthiden *Hottentotta hottentotta* und *Babycurus kirki* Boden und Bäume ab, um möglichst viele ihrer Leckerbissen zu erhaschen.

Skorpione sind räuberische Allesfresser. Nahrungsspezialist scheint nur der australische *Isometroides vescus* zu sein, der Falltürspinnen (Ctenizidae) jagt. In der Natur stellen Skorpione einer Vielzahl von Insekten, Asseln, Tausendfüßern, Spinnentieren und anderen Wirbellosen nach. Nur die größten Arten fressen gelegentlich auch Kleinsäuger wie Zwergmäuse, Echsen und Amphibien. Das Beutespektrum kann je nach Angebot saisonal oder lokal sehr

Babycurus kirki (Buthidae) hat in der Savanne der Elfenbeinküste einen Skolopender erbeutet. Foto: K. E. Linsenmair

eingeschränkt sein – Skorpione müssen sich dann mit dem begnügen, was gerade herumläuft. Deshalb machen die häufigen Wüstenasseln (*Hemilepistus reaumuri*) auch über ein Drittel der Beute aus, die *Scorpio maurus palmatus* im Verlauf eines durchschnittlichen Tages im Wüstenfrühjahr fängt; ansonsten frisst er vor allem große Insekten wie Schwarz- und Prachtkäfer (Mahsberg, unveröffentl.). Für Fluginsekten scheint sich dieser an den Boden gebundene, grabende Skorpion weniger zu interessieren. Dagegen sind manche nordafrikanischen Buthiden wie *Androctonus australis*, *Buthacus arenicola* oder *Buthus occitanus tunetanus* wahre Meister im „Luftfang“: sie schaffen es sogar, fliegende Nachtfalter blitzschnell zu ergreifen. Diese und andere Buthiden (z.B. *Leiurus quinquestriatus*) erklettern auch immer wieder kleine Büsche; Jungtiere findet man gelegentlich sogar mit weit gespreizten Pedipalpen am Ende von Grashalmen. Vermutlich lauern diese Skorpione dort Fluginsekten auf.

Skorpione orientieren ihre Nahrungswahl eher daran, ob der „Braten“ noch überwältigt oder seinerseits gefährlich werden kann. Durch das auf Beute meist schnell wirkende Gift bzw. die tödlichen Verletzungen beim Zupacken haben auch gleich große oder sogar größere Opfer nur wenig Chancen, einem Skorpion doch noch zu entwischen. *Buthus occitanus* erlegt z.B. auch Grillen, die schwerer sind als er selbst.

Trotz ihrer Wehrsekrete sind Schwarzkäfer (Tenebrionidae) vor einem Dickschwanzskorpion (***Androctonus australis***) nicht sicher. Foto: K. E. Linsenmair

Grabende Skorpionarten haben meist sehr kräftige Scherenarme. Die etwa fünf Gramm schweren *Opisthacanthus*-Arten können z.B. mit nur einer Schere ein Gewicht von hundert Gramm von der Stelle bewegen. Die Kraft ihrer Scheren reicht normalerweise aus, um Beute fest im Griff zu halten oder zu töten; den Stachel verwenden sie nur, wenn das Opfer sich heftig wehrt oder sehr groß ist. Der Scorpionide *Pandinus imperator* kann mit einem festen „Händedruck" die Panzerung eines kleinfingerdicken Tausendfüßers aufbrechen. Während von 100 Buthiden (sieben Arten), denen je ein Insekt vorgesetzt worden war, 97 % sofort zustachen, taten dies nur 9 % von 71 Scorpioniden (sieben Arten bzw. Unterarten); 91 % zerdrückten ihre Beute mit den Scheren (Mahsberg, unveröffentl.). Oft fressen die weniger stechfreudigen Arten ihre Opfer bei noch lebendigem Leib an, wobei sie jedoch meist am Kopf beginnen und so das Gehirn schnell zerstören. Viele der breitscherigen Skorpione benutzen in Abwehrhaltung ihre Pedipalpen auch als Schild, mit dem sie den Höhleneingang verbarrikadieren oder ihren Kopfbereich schützen.

Skorpione werden oft pauschal des Kannibalismus bezichtigt, was keineswegs bei allen Arten die Regel ist. Tatsächlich stellen jedoch etliche Skorpionarten kleineren Artgenossen oder Individuen kleinerer anderer Arten nach, welche für diese Jäger die wichtigste Nahrungsquelle sind, zumindest in den Zeiten, wo Insektenbeute knapp ist. Neben den weit über 100 Insektenarten, die auf dem Speisezettel von *Paruroctonus mesaensis* stehen, machen andere Skorpionarten bis zu 10 % seiner Nahrung aus. Welchen Einfluss dies auf die Populationen anderer Arten hat, zeigen Wegfangexperimente in einer kalifornischen Wüste (POLIS & MCCORMICK 1987): nachdem die Autoren auf 30 000 Quadratmetern über 6000 *Paruroctonus mesaensis* abgesammelt hatten, erhöhte sich die Dichte der kleineren *Vaejovis confusus* und *Paruroctonus luteolus* auf das Eineinhalb- bzw. Sechsfache!

Babycurus kirki (Buthidae) hat eine Großtermite (*Macrotermes bellicosus*) erbeutet (Comoé-Nationalpark/Elfenbeinküste). Foto: D. Mahsberg

Buthacus arenicola (Buthidae), ein Skorpion nordafrikanischer Sandwüsten, kann Insekten sogar aus der Luft fangen. Am dritten Metasomasegment schimmert die weiße Guaninfüllung des Darms durch die Cuticula. Foto: D. Mahsberg

Dieser Dickschwanzskorpion (***Androctonus australis***) hat in der libyschen Wüste einen kleineren Artgenossen erbeutet. Foto: K. E. Linsenmair

Insekten schien der Räuberdruck durch Skorpione nichts auszumachen, da ihre Zahl unverändert blieb.
Normalerweise akzeptieren Skorpione nur lebende Beute. Aber wenn sie zufällig auf ein frisch totes Insekt treffen, kann es durchaus sein, dass sie es mit den Scheren aufnehmen und fressen. Bei subsozialen Arten versammeln sich die Jungen um die von ihrer Mutter erlegten Beute, um sie mit mehr oder weniger Rangelei um den besten Platz zu verzehren. Im Terrarium lässt sich die Mutterrolle vom Pfleger übernehmen, indem man den Kleinen z.B. tote Schaben oder Wanderheuschrecken anbietet.

Brautschau und Hochzeit

Während man über Skorpione als Räuber recht gut Bescheid weiß, sind bis heute für nur etwa 2 % aller Skorpionarten Einzelheiten zur Fortpflanzung bekannt. Umfangreichere Beschreibungen zu Buthiden liefern z.B. ALEXANDER (1959) oder PROBST (1972, *Isometrus maculatus*), zum Chactiden *Euscorpius italicus* ANGERMANN (1957) und für *Euscorpius flavicaudis* BENTON (1992b), zum Scorpioniden *Pandinus imperator* GARNIER (1972) oder zum Vaejoviden *Paruroctonus mesaensis* POLIS & FARLEY (1979). Wie Skorpione ganz allgemein ihre Fort-

pflanzung sichern, ist bei MAHSBERG (1997) nachzulesen. Einen aktuellen Überblick zur Reproduktionsbiologie von Skorpionen gibt BENTON in BROWNELL & POLIS (2000).
Die meisten Skorpione zeichnen sich durch eine mehr oder weniger eng begrenzte, an die Jahreszeiten oder an bestimmte periodische Klimaschwankungen gebundene Fortpflanzungsperiode aus. In den gemäßigten Breiten beginnt die Fortpflanzungsaktivität mit den ersten warmen Frühlingstagen und geht bis in den Spätsommer. *Euscorpius flavicaudis* in England paart sich zwischen August und Oktober (BENTON 1992b). Auf der Südhalbkugel ist von September bis Februar Paarungszeit bei Skorpionen. Arten der wechselfeuchten Tropen, die während der trockenen Monate ihre Höhlen vermutlich nie verlassen (z.B. *Pandinus, Heterometrus*), pflanzen sich in der Regenzeit fort. Wahrscheinlich haben selbst Skorpione der dauerfeuchten Tropen eine Fortpflanzungsrhythmik, worüber bis heute jedoch keine Freilanddaten vorliegen. Auch Wüstenskorpione sind nie permanent fortpflanzungsaktiv, da sie oft monatelang überwintern bzw. übersommern. Der erste Regen lockt sie dann oft in großer Zahl aus ihrem Versteck. Sie gehen auf Jagd, nutzen aber auch jede Gelegenheit zur Hochzeit.
Terrarienbeobachtungen, wonach sich tropische Skorpione ganzjährig reproduzieren, erlauben keine Rückschlüsse auf die Verhältnisse in der Natur, wo die Wahl des geeigneten Fortpflanzungszeitpunktes nicht nur vom Klima, sondern z.B. auch von der Beuteverfügbarkeit diktiert wird. Da Skorpione zu den langlebigsten Arthropoden gehören, dürften sich die meisten Arten mehrfach in ihrem Leben fortpflanzen (Iteroparie). Dies kann das Verlustrisiko streuen, wenn wechselnde Umweltbedingungen den Fortpflanzungserfolg gelegentlich gefährden.
Ist die Zeit reif, gehen männliche Skorpione auf nächtliche Brautschau. Selbst eine Art wie *Scorpio maurus*, die nahezu ihr ganzes Leben in einem selbst gegrabenen Gang verbringt, kann man nun außerhalb ihres Baues antreffen. Die Männchen einiger Arten legen in dieser Zeit während einer einzigen Nacht Strecken von mehr als einem Kilometer zurück und suchen potentielle Weibchenverstecke ab. Doch auch bei geringer Populationsdichte bleibt ihr Ziel wohl nur selten unerreicht, denn weibliche Sexuallockstoffe (Pheromone) weisen ihnen den Weg. Diese chemischen Verbindungen werden nicht gerochen, sondern mit spezialisierten Sinneshaaren „erschmeckt“, mit denen z.B. die Kammorgane auf der Bauchseite dicht besetzt sind. Auf Duftspuren eines Partners reagieren Skorpionmännchen manchmal so aufgeregt, dass sie sogar zufällig vorbeikommende Geschlechtsgenossen nicht mit ihrer Werbung verschonen. Man kann sich von der Attraktivität des weiblichen „Skorpionparfums“ selbst überzeugen, wenn man in das Terrarium eines Männchens etwas Bodenmaterial aus dem Damenabteil einbringt und sein Verhalten beobachtet, wenn er die Duftschwelle überschreitet: er bleibt stehen, tastet umher, geht vor und zurück oder fängt sogar aufgeregt zu zittern an.
Hat ein Männchen endlich ein Weibchen gefunden, entscheiden die ersten Annäherungsversuche über sein Schicksal. Wird sie ihn als Beute betrachten und verspeisen? Wird sie weglaufen und einen anderen erhören? Oder wird sie in den Hochzeitstanz einwilligen, der ein komplexes, ritualisiertes Paarungsvorspiel darstellt, das ihm letztlich zur Vaterschaft verhilft? Wenn es auch aussieht, als bestimme der Mann als der aktivere Partner das Geschehen, so scheint (auch) bei Skorpionen das weibliche Geschlecht zu wählen und zu entscheiden, wen es akzeptiert und wen es verschmäht.
Zunächst bewegen sich die Männchen ruckartig hin und her, führen mit dem Hinterleib zukkende Bewegungen aus oder trommeln mit dem Schwanz oder den Zangen auf den Untergrund. Diese Vibrationssalven reizen paarungsunwillige Weibchen häufig zu Angriffen. Paarungsbereite verhalten sich zumeist neutral.

Wegen art- und wohl auch individualspezifischer Unterschiede lässt sich das Paarungsverhalten von Skorpionen nicht grundsätzlich verallgemeinern. Trotzdem treten bei fast allen Arten die gleichen markanten Verhaltensgrundmuster beim Paarungstanz auf, was auf deren evolutive Ursprünglichkeit hinweist. Der französische Naturforscher JEAN-HENRI FABRE (1907) beschrieb die Hochzeit des südfranzösischen „scorpion languedocien", des Feldskorpions *Buthus occitanus occitanus*, in unerreichter wissenschaftlicher Prosa.

Meist nähert sich das Männchen dem Weibchen von vorne, fasst es an Beinen oder Pedipalpen und greift gelegentlich um, bis sich die Partner gegenüberstehen und an den Scherenhänden festhalten. Einige Arten reiben ihre aufgerichteten Hinterkörper aneinander, die so eine Art „Torbogen" formen. Dann lassen sie sich los, um doch gleich wieder zusammenzukommen. Gelegentlich wird das Weibchen auch von seinem Partner gestochen, z.B. in die Gelenkhaut der Hand. Eine Tötungsintention steckt sicherlich nicht hinter solchen „Zärtlichkeitssticheleien", deren biologische Funktion noch unklar ist.

Nun beginnt der eigentliche Tanz, Fabres „promenade à deux". Dabei laufen die Tiere „Hand in Hand" umher. Gelegentlich halten sie inne, um sich mit den Cheliceren zu betasten – der Kuss der Skorpione. Der Paarungstanz, der je nach Art in wenigen Minuten beendet ist oder sich die ganze Nacht hinzieht, hat ein erfolgrei-

Ein Tänzchen in Ehren... Pärchen von ***Buthus occitanus tunetanus*** beim Vorspiel (Hergla/Tunesien). Das große Männchen führt eine ungewöhnlich kleine Partnerin an der Hand. Foto: D. Mahsberg

Fotos: D. Mahsberg

Paarungstanz von ***Buthiscus bicalcaratus*** (Buthidae) in der nordalgerischen Sahara.

Foto: K. E. Linsenmair

Spermatophore von ***Pandinus imperator***.
Foto: D. Mahsberg

ches Ende gefunden, wenn das Männchen auf einem geeigneten Untergrund seine Spermatophore abgesetzt hat und die Spermien vom Weibchen aufgenommen wurden. Das sonstige „Drumherum" fällt unter das Stichwort „Partnerwahl". Welche subtilen Mittel die Geschlechter dabei einsetzen und nach welchen Kriterien sie entscheiden, ist noch Geheimnis der Skorpione. Lange Zeit ging man davon aus, dass sich Skorpione mit Hilfe spezieller Begattungsorgane paaren. Erst 1955 beschrieb ANGERMANN die indirekte Spermatophorenübertragung bei *Euscorpius italicus*. Während des Hochzeitstanzes presst das Männchen eine Spermatophore aus seiner bauchseits liegenden Geschlechtsöffnung heraus, ohne dabei die Scherenhände des Weibchens loszulassen. Die Spermatophore ist eine Art Chitinständer, der durch ein klebriges Sekret an seiner Basis in leicht schräger Stellung am Boden haften bleibt. An seiner Spitze befindet sich eine Spermienkapsel. Das Männchen zieht seine Partnerin nun so über die angeklebte Spermatophore, dass ein durch das Gewicht des Weibchens ausgelöster Hebelmechanismus die Spermien frei gibt, die daraufhin in die weibliche Geschlechtsöffnung aufgenommen werden. Durch eine schnelle Rückwärtsbewegung des Körpers erfolgt die Trennung vom Spermatophorenstiel, der gelegentlich gefressen wird. Wann sich ein Männchen erneut verpaaren kann, ist artverschieden und vermutlich auch konditionsabhängig. Müller (mündl. Mitteilung) beobachtete bei *Hadrurus arizonensis* die fünfmalige Verpaarung eines Weibchens, wobei jedes Mal eine Spermatophore übertragen wurde. Bei *Isometrus maculatus* dauert es ungefähr 16 Tage, männliche Kaiserskorpione (*Pandinus imperator*) oder *Heterometrus fulvipes* sind bereits nach einer Woche wieder paarungsbereit, *Tityus bahiensis* nach sechs Tagen. In dieser Zeit müssen die Tiere im paarigen Paraxialorgan des Mesosomas zwei neue Hemispermatophoren-Halbschalen herstellen, die dann zusammengefügt und mit Spermien aus den Hoden beladen werden. Die Struktur von Paraxialorgan und Spermatophore ist für die Taxonomie einiger Skorpionfamilien von großem Wert. Wann ein Skorpionmann seine Spermatophore zum Einsatz bringen kann, hängt nicht allein von ihm ab. Die Weibchen von *Euscorpius flavicaudis* sind z.B. erst dann wieder empfängnisbereit, wenn sich ihre Jungen gehäutet haben und vom Rücken abgestiegen sind (BENTON 1992b).

Da nur bei wenigen Skorpionarten Weibchen Spermien speichern können und Männchen offenbar auch keine Methode entwickelt haben, Spermien von Vorgängern zu eliminieren (was z.B. bei Insekten mit Spermienkonkurrenz gängige Praxis ist), hat unter mehreren Skorpionmännern der die besten Chancen auf eigenen Nachwuchs, der sich als erster mit einem Weibchen verpaart. Deshalb bewachen Männchen ihre Partnerin während der Fortpflanzungszeit oft recht lange, viel länger als für die eigentliche Paarung nötig wäre: so verpassen sie den Beginn ihrer Empfängnisbereitschaft nicht und können Nebenbuhler fern halten.

Bei manchen Skorpion- und Spinnenarten bezahlen Männer ihre Heirat gelegentlich mit dem Leben, da sie von ihrer Partnerin verspeist werden. Solche „Unfälle" können sich unter zu beengten Haltungsbedingungen ereignen, wenn Männchen bei ihrem Ritual behindert und dann vom Weibchen nicht mehr als Hochzeiter, sondern als Beute betrachtet werden. In der Natur kann Partnerkannibalismus durchaus angepasstes Verhalten sein und unter dem Strich nicht nur den Fortpflanzungserfolg der Kannibalin, sondern auch den des Opfers fördern, wenn dieses dadurch zum Überleben seiner Kinder beiträgt. Partnerkannibalismus tritt z.B. gehäuft bei Arten wie dem Sandskorpion *Paruroctonus mesaensis* auf, bei dem die kleineren adulten Männchen im Gegensatz zu den größeren Weibchen selten eine zweite Fortpflanzungssaison erleben (POLIS & FARLEY 1980).

Embryonalentwicklung und Geburt

Manche Skorpione verfügen über eine sogenannte Vorratsbefruchtung, da Weibchen Spermien in Spermatheken (Receptacula seminis) speichern und „bei Bedarf“ für die Befruchtung von Eizellen freigeben können. Sie können daher auch ohne erneute Paarung mehrere oft Monate auseinanderliegende Bruten austragen. Die Regel ist dies unter Skorpionen aber nicht. Ganz ohne Geschlechtspartner kommen einige parthenogenetische Arten aus: sie pflanzen sich wie der brasilianische *Tityus serrulatus*, einem wegen seines starken Giftes gefürchteten Skorpion, durch Jungfernzeugung fort. Männchen sind in Populationen solcher Arten äußerst selten oder wurden wie bei dem australischen *Liocheles australasiae* bisher sogar noch nie gefunden. Sie sollten dann auftreten, wenn Änderungen der Umweltbedingungen geschlechtliche Fortpflanzung fördern und ungeschlechtliche benachteiligen würden.
Man unterscheidet bei Skorpionen zwei Formen der Embryonalentwicklung. Bei Apoikogenie entwickeln sich in den netzförmigen Röhren des Ovariuterus mehr oder weniger dotterreiche Eier, in die aber auch Substanzen aus dem umliegenden mütterlichen Gewebe eindiffundieren, welches ein regelrechtes „Ernährungsnetz“ ausbilden kann (Farley in BROWNELL & POLIS 2000). Apoikogen sind alle Familien mit Ausnahme der Scorpionidae und Diplocentridae, die zum katoikogenen Typ gehören. Bei diesen Skorpionen wandern dotterfreie Eier in sackförmige Ausbuchtungen (Divertikel) des Ovariuterus ein, wo die heranwachsenden Embryonen über eine spezielle, an eine Babytrinkflasche erinnernde Spezialbildung ihres Mundes mütterliche Nährflüssigkeit aufnehmen. Hier drängt sich ein Vergleich mit der Säugetierplazenta auf. Da bei allen Skorpionen somit eine Ernährung der Embryonen im Mutterleib gegeben ist, kann man sie definitionsgemäß als lebend gebärend bezeichnen (vivipar).
Wer nach erfolgreicher Verpaarung seiner Skorpione auf Nachwuchs wartet, braucht Geduld, denn bis zur Geburt der Jungen vergehen oft viele Monate. Nach POLIS & SISSOM (1990) beträgt die durchschnittliche Tragzeit bei Buthiden etwa fünf, bei anderen Familien über elf Monate, was länger als bei den meisten Säugetieren ist. Dabei tragen kleine Arten nicht unbedingt kürzer als große: beim nur etwa zwei Zentimeter langen europäischen *Euscorpius*

Aufpräpariertes trächtiges Weibchen des Kaiserskorpions (***Pandinus imperator***), ein Beispiel für katoikogene Embryogenese. In jedem der sackförmigen Anhänge der Ovariuterus-Schläuche entwickelt sich ein Junges. Foto: D. Mahsberg

Geburt von Kaiserskorpionen (***Pandinus imperator***). Man beachte das die Jungen auffangende erste Laufbeinpaar („Geburtskorb") sowie die abgespreizten Kämme. Foto: D. Mahsberg

flavicaudis dauert es mit etwa einem Jahr (BENTON 1992b) genauso lang wie beim hundert Mal schwereren *Pandinus imperator*. Allerdings unterliegen solche Angaben großen Schwankungen, da Skorpionweibchen embryonales Wachstum offenbar klima- und ernährungsabhängig steuern und Embryonen gegebenenfalls sogar resorbieren können, was zu verkleinerten Würfen bzw. völlig ausbleibender Geburt führen kann. Bei trächtigen Weibchen kann man gelegentlich die weißlichen Embryonen durch die prall gespannten Pleuralhäute schimmern sehen.

Trächtige Skorpione müssen viel investieren und haben daher besonders großen Appetit. Andererseits haben sie auch viel zu verlieren, weshalb sie besonders gegen Ende ihrer Tragzeit versteckt leben. Grabende Arten ziehen sich in eine Kammer am Gangende zurück, die auch bei hoher Außentemperatur und Trockenheit ein moderates Mikroklima beibehält und sich gut als Kinderstube eignet. Solch günstige Bedingungen sind besonders in kleinen Terrarien nicht leicht herzustellen, was den Zuchterfolg in Frage stellen kann. Gefährlich kann auch die Anwesenheit von Artgenossen werden, weshalb es mit Ausnahme weniger subsozialer Arten (z.B. *Pandinus imperator, Heterometrus fulvipes*) besser ist, andere Tiere aus dem Terrarium zu entfernen oder für ausreichende Versteckmöglichkeiten zu sorgen. Störungen der Mutter sind in dieser sensiblen Lebensphase jedenfalls zu vermeiden, da sie sonst sogar zur Kindstöterin werden kann.

Die Geburt kleiner Skorpione vollzieht sich meist unbemerkt nachts im Versteck und kann sich über mehrere Stunden, bei katoikogenen Arten sogar über Tage hinziehen. Die Jungen, an denen noch Reste von Embryonalhüllen hängen können, werden aus der weiblichen Geschlechtsöffnung ausgepresst und landen oft nicht direkt am Boden, sondern werden vom Weibchen mit den Beinen aufgefangen („Geburtskorb"). In jedem Fall ist das Ziel aller neugeborenen Skorpione der Rücken der Mutter, den sie selbständig oder mit mütterlicher Unterstützung erklimmen. Je nach Art versammeln sich dort eine Hand voll bis mehrere Dutzend Skorpionbabys, deren Cuticula noch weich und weiß ist; nur die Augen heben sich pechschwarz ab. Obwohl schon unverkennbar ein Skorpion, ist dieses erste Stadium (oft auch als Larve bezeichnet) zu Beutefang und Nahrungsaufnahme unfähig und lebt von embryonalen Reserven. Die Füße dienen vorwiegend dem Festhalten, die Scheren sind zum Greifen ungeeignet, Trichobothrien fehlen und der Stachel macht seinem Namen noch keine Ehre.

Kinderaufzucht ist Muttersache

Diese scheinbare Hilflosigkeit neugeborener Skorpione wird durch die enge Bindung an die brutpflegende Mutter ausgeglichen, die den für ihre Jungen geeigneten Aufenthaltsort aufsucht, sie verteidigt und gegebenenfalls vor Feinden schützt. Wie Wahlversuche im Labor zeigten, akzeptiert ein *Pandinus*-Weibchen mit Jungen auf dem Rücken auch fremde Junge; dagegen

Immer schön der Reihe nach! Neugeborene Kaiserskorpione ***(Pandinus imperator)*** auf ihrem Weg nach oben.
Foto: D. Mahsberg

bevorzugen Kinder offenbar die Nähe der eigenen Mutter, die sie möglicherweise an chemischen Komponenten der Cuticula erkennen (MAHSBERG 1990).

Bei den meisten Skorpionen dauert die Brutpflegephase bis zur ersten Häutung der Jungen, die nach ein bis zwei Wochen erfolgt. Dann sind die Kleinen „echte“ Skorpione, die nun alleine auskommen können. Ihre Bindung an die Mutter geht verloren, die ihrerseits keine Muttergefühle mehr zeigt und ihren Nachwuchs dann im wahrsten Sinne des Wortes „zum Fressen gern“ hat.

Was geschieht eigentlich, wenn man neugeborene Skorpione von ihrer Mutter trennt? Für den Terrarianer kann sich diese Frage durchaus einmal stellen, wenn das Weibchen z.B. kurz nach der Geburt stirbt oder den Wurf aufzufressen beginnt. Die auf dem Weibchenrücken sitzenden Jungskorpione werden dort weder mit Nahrung versorgt noch nehmen sie Wasser von ihrer Mutter auf, wie man früher glaubte. Bietet man den Kleinen also das geeignete Mikroklima, überleben sie auch ohne mütterlichen Beistand. Eine saubere, mit Lüftung versehene Kunststoffdose mit leicht angefeuchtetem Zellstoff, bei milder Wärme im Dunkeln aufgestellt, leistet für das Gedeihen der Kleinen in ihrer Anfangsphase gute Dienste.

Für den Biologen ist in diesem Zusammenhang die Frage nach der Funktion des Brutpflegeverhaltens interessant, das ja alle Skorpione zeigen. Der Hauptanpassungswert dieser Brutpflege liegt vermutlich im besseren Schutz vor Räubern, denen die Neugeborenen nichts entgegenzusetzen hätten. Besonders gefährlich dürften neben Ameisen kannibalistische Skorpionmänner sein, was z.B. BENTONs (1992a) Beobachtungen an einer südenglischen Population von *Euscorpius flavicaudis* zeigen. Neben Asseln erbeuteten umherstreifende Männchen bevorzugt Artgenossen. So unnatürlich einem dieses Verhalten zunächst vorkommt, lässt es sich von seiner evolutiven Wurzel her doch verstehen: Tiere scheren sich nicht um „Arterhaltung“, sondern um die Maximierung des eigenen Fortpflanzungserfolgs. Dabei kann es zwischen den Geschlechtern durchaus zu Konflikten über das „Wie“ kommen. Aus Sicht des Männchens kann dies z.B. bedeuten, sich beim Auffinden einer geeigneten Partnerin möglichst schnell mit ihr zu verpaaren, um die eigene Vaterschaft sicherzustellen. An der Jungenaufzucht beteiligt

Rechts von oben nach unten:
Einige junge ***Euscorpius italicus*** (Chactidae) haben sich bereits gehäutet und werden bald von der Mutter absteigen.
Auf dem Rücken des ***Euscorpius italicus***-Weibchens sind noch die Häute ihrer kürzlich abgestiegenen Jungen zu erkennen. Fotos: D. Mahsberg

sich der Skorpionmann nicht. Seine Interessen können ihn sogar zur Tötung fremder Junge treiben, wenn diese wie z.B. bei *Euscorpius flavicaudis* die Empfängnisbereitschaft ihrer Mutter bis zur ersten Häutung blockieren. Die mütterliche Aggressivität gegenüber Artgenossen unterstreicht die Schutzfunktion ihres Brutpflegeverhaltens und macht wiederum ihr Hauptinteresse deutlich: die eigenen Kinder groß zu bekommen.

Weibchen des Kaiserskorpions (***Pandinus imperator***) mit neugeborenen Jungen. Foto: D. Mahsberg

Man muss sich bei der Interpretation tierischen Verhaltens vor moralischen Wertungen und der Übertragung auf den Menschen hüten, gerade bei vorbelasteten Begriffen wie „Kindstötung“ oder „Kannibalismus“. Die Natur liefert auch keine „Rezepte“ für unser eigenes Verhalten. Naturbeobachtungen helfen uns aber zu verstehen, *wie* sich Lebewesen unter unterschiedlichen Umweltsituationen verhalten und vor allem, *warum* sie dies tun. Beiden Fragen geht die moderne Verhaltensökologie nach, eine Teildisziplin der Biologie (siehe z.B. CAMPBELL 1997).

Skorpione - soziale Räuber?

Mit Eintritt ins zweite Stadium werden die allermeisten Skorpionarten zu Einzelgängern, die ihresgleichen selten neutral und oft aggressiv begegnen und ihr Wachstum oft auch durch den Verzehr schwächerer Geschwister oder Nichtverwandter fördern (was Kannibalen allerdings gut tut: sie wachsen meist am besten). Deswegen bleibt einem bei der Skorpionhaltung meist nichts anderes übrig, als jedem seiner Schützlinge eine eigene Behausung zu bieten oder zumindest so viele Verstecke bereitzustellen, dass sich die Tiere aus dem Weg gehen können.

Aber es gibt unter Skorpionen auch Ausnahmen, die das Bild vom „asozialen Einzelgänger“ relativieren (s.a. MAHSBERG 1998, 2000). Erst seit wenigen Jahren kennt man Arten, bei denen die mütterliche Toleranz gegenüber den Kindern weit über die Brutpflege für das erste Stadium hinausgeht. Von tropischen Arten wie *Pandinus imperator* und *Heterometrus fulvipes* (Sorpionidae) oder auch von wenigen Vertretern der Gattungen *Didymocentrus* (Diplocentridae), *Opisthacanthus* (Ischnuridae) und *Urophonius* (Bothriuridae) ist ein Mutter-Kind-Zusammenhalt beschrieben, der Monate bis Jahre dauern kann. Nach Beobachtungen in der westafrikanischen Savanne bleiben *Pandinus*-Junge zwei Jahre und länger in der mütterlichen Höhle, die sie sich u.U. sogar mit Geschwistern aus dem Vorjahr teilen. Obwohl sie längst selbständig sein könnten, ziehen sie wohl erst im fünften Stadium aus. Besonders anfangs profitieren sie von der Kraft ihrer Mutter, die für sie z.B. große Insekten oder Tausendfüßer fängt. Alleine hätten sie als Ansitzjäger kaum Chancen, genug zu fressen zu finden, ohne selbst Opfer zu werden. Verglichen mit einzeln gehaltenen Jungtieren wachsen in der Gruppe aufgezogene *Pandinus*-Geschwister schneller. Auch profitieren sie weiter vom Schutz, den ihnen Mutter und Höhle bieten. Die genannten Skorpionarten kann man als sozial bezeichnen, wenn man Sozialverhalten ganz allgemein als jede Interaktion zwischen zwei oder mehr meist artgleichen Tieren definiert (CAMPBELL 1997). Bei sozialen Interaktionen kommunizieren und kooperieren Tiere innerhalb einer Gruppe, die meist aus Verwandten besteht. Ein solches Sozialsystem kann für mehr oder weniger lange Zeit und manchmal sogar zeitlebens bestehen. Während bei den eusozialen Bienen und Ameisen zusätzlich ein Kastenwesen ausgebildet ist (HÖLLDOBLER & WILSON 1990), steht Sozialverhalten bei Spinnen (FOELIX 1992) oder Skorpionen auf der Stufe der sog. Subsozialität, die sich durch erweiterte Brutpflege, Verteidigung und Fütterung der Jungen und Kooperativität auszeichnet.

Warum Sozialverhalten bei nur knapp 1 % aller Skorpionarten entwickelt ist (von 35 000 Spinnenarten sind es gar nur 0,06 %!) und wieso in einer Gattung wie *Heterometrus* sowohl einzelgängerische als auch soziale Arten vorkommen können, lässt sich nicht einfach erklären. Eines ist sicher: ein Leben in der Gruppe bzw. Familie hat ebenso Vor- und Nachteile wie ein Leben als „Single“ (hier sei die Übertragung auf den Menschen erlaubt). Schutz in der Familiengruppe wird z.B. durch verstärkte Konkurrenz um Beute oder erhöhte Ansteckungsgefahr erkauft. Auch Kannibalismus unter Geschwistern kann durchaus vorkommen, wenngleich er selten auftritt. Ihm fallen vor allem die Tiere zum Opfer, die schon bei der Geburt geschädigt wurden (z.B. wegen

Kaiserskorpione (***Pandinus imperator***) im zweiten Stadium flüchten sich unter ihre Mutter. Foto: D. Mahsberg

angetrockneter Embryonalhüllen bei zu trockenen Umgebungsbedingungen). Auch isoliert von ihren Geschwistern aufgezogen sterben solche Jungen meist nach einiger Zeit. Im Sinne der Verwandtenselektion dienen sie dann sogar noch einem „guten Zweck", wenn sie von ihresgleichen verspeist werden.

Generell ist für soziale Tiere die Frage zu klären, unter welchen ökologischen Randbedingungen der Nutzen sozialen Verhaltens seine Kosten übersteigt. Um hierzu eine Antwort für Skorpione zu finden, müssen wir noch viel über ihre Lebensweise lernen.

Soziale Gruppen unterscheiden sich in vieler Hinsicht von Gruppenbildungen nicht-verwandter Individuen, wie sie z.B. durch die Attraktivität eines geeigneten Versteckes für die Überwinterung entstehen können. Solche Aggregationen bilden z.B. auch sonst so unverträgliche Buthiden wie *Centruroides exilicauda*.

Wachstum und Häutung

So viele gute Eigenschaften das mehrschichtige Außenskelett auch hat, eines kann es nicht: mitwachsen. An den weichhäutigen Körpermembranen ist es zwar bedingt dehnbar, hat sonst aber weitgehend die Konsistenz einer Ritterrüstung. Daher müssen alle noch wachsenden Gliederfüßer ihr zu eng werdendes Außenskelett periodisch gegen eine größere Ausführung auswechseln. Postadulthäutungen, d.h. Häutungen im geschlechtsreifen Stadium, wie sie z.B. jährlich bei Vogelspinnenweibchen vorkommen, sind von Skorpionen nicht bekannt.

Häutungen sind komplexe Vorgänge, die durch Hormone gesteuert und vermutlich durch einen „vollen Bauch" sowie spezifische Umweltreize (Temperatur, Photoperiode) ausgelöst werden. In einer Vorhäutungsphase (Proecdysis, Apolyse), die man an der Passivität des Tieres erahnen kann,

wird zunächst die Endocuticulaschicht enzymatisch aufgelöst und eine komplette, größere Cuticula neu gebildet, die aber noch in Falten gelegt und dehnfähig ist. Durch Wassereinstrom erreicht sie schnell ihr volles Volumen. Beim eigentlichen Häutungsvorgang (Ecdysis) wird die „Resthaut“ aus Exo- und Epicuticula abgestreift. Bei Skorpionen platzt dabei eine Naht am Prosomavorderrand auf, aus der sich das Tier durch lokale Veränderungen seines Körperinnendrucks herausschiebt. Da in diesem Stadium sowohl alte Cuticula als auch neue Haut weich und dehnfähig sind, schafft es ein Skorpion problemlos, seine breiten Scherenhände durch die engen Gelenkpassagen zu ziehen. Allerdings bleiben Häutungen meist unbemerkt, da sie überwiegend nachts und immer im Versteck stattfinden. Nach etwa einer Stunde ist es dann geschafft, und der frisch gehäutete, noch weiche, wächsern aussehende Skorpion sitzt neben seiner „alten Haut“ (Exuvie), die wie sein etwas kleineres Ebenbild aussieht. Der Aushärtungsprozess (Sklerotisierung) der Cuticula ist nach wenigen Tagen vollständig abgeschlossen. Jetzt ist der Körper auch wieder durch eine dünne, aber hocheffektive Schicht aus Wachsen imprägniert. So geschützt kann sich der Skorpion wieder aus seinem Versteck wagen.

Eine Häutung ist in gewisser Weise ein Jungbrunnen für einen Gliederfüßer, denn sie verhilft ihm auch zu neuen Haaren und Zähnen – genauer gesagt werden dabei verlorengegangene cuticuläre Strukturen wie Sinneshaare ersetzt. Abgebrochene Trichobothrien z.B. sind danach wieder in voller Länge vorhanden. Selbst verlorene Extremitäten können zumindest teilweise regeneriert werden, wobei die Chancen hierfür bei den Tieren am höchsten sind, welche die meisten Häutungen noch vor sich haben. Nach der Adult-

Es ist zum Aus-der-Haut-fahren! Etwa eine Stunde dauert das Abstreifen der „alten Haut“ (Exuvie) beim Kaiserskorpion (***Pandinus imperator***).

Fotos: D. Mahsberg

häutung sind Verluste von Cuticularbildungen unwiederbringlich.
Das bräunlich-gelbe bis schwarze Äußere der meisten Skorpione entspricht der für viele Arthropoden typischen Färbung ihrer ausgehärteten Exocuticula. Selten sind gelbrote oder grüne Farbnuancen. Das blau-metallische Schimmern mancher schwarzer Arten bei Sonnenlicht entsteht durch die UV-Anregung von Fluoreszenzfarbstoffen der Cuticula.
Skorpione häuten sich durchschnittlich fünf- bis siebenmal in ihrem Leben, aber auch vier (manche Buthiden) oder sogar neun Häutungen (manche Diplocentriden) wurden beschrieben.
Für die Benennung der Entwicklungsstadien bzw. Lebensabschnitte eines Skorpions werden oft unterschiedliche Bezeichnungen benutzt, was sehr verwirrend sein kann. Im angloamerikanischen Schrifttum werden z.B. meist alle Stadien mit Ausnahme der „adults" als „instars" bezeichnet, während andere Autoren hier noch zwischen Larven- und Nymphen- bzw. Juvenilstadien differenzieren. Diese Begriffe sind in folgender Tabelle nebeneinander gestellt (nach KRAPF 1988b). Danach würde z.B. *Pandinus imperator* als Larve (instar 1) geboren sowie fünf Juvenil- oder Nymphenstadien (instar 2 bis 6) und ein Subadultstadium (instar 7) durchlaufen, bis er nach insgesamt sieben Häutungen erwachsen (adult) ist. (Oft werden Skorpione im vorletzten Stadium auch noch Nymphen genannt, zeigen aber gelegentlich schon Sexualverhalten. Solche „pubertierenden" Skorpione sollte man dann besser als subadult bezeichnen.)
Auch innerhalb einer Art kann die Häutungsanzahl variieren, was zu unterschiedlichen Erwachsenenstadien führt. Nach BENTON (1992b) kommen in Populationen von *Euscorpius flavicaudis* z.B. neben großen Männchen (adult als instar 7) auch kleine vor (adult als instar 6). Bei diesen Skorpionen kommen große Männer bei Frauen besser an, d.h. sie haben bessere Fortpflanzungschancen (dass sie eine kleinere Auserwählte dabei manchmal verspeisen, sei nur am Rande vermerkt). Andererseits müssen große Erwachsene ein weiteres gefahrenreiches Entwicklungsstadium durchlaufen, was „kleinen Jungs" erspart bleibt. Das Nebeneinander verschiedener Größenmorphen innerhalb einer Art kann durch Ernährungsunterschiede entstehen, lässt sich aber auch als eine evolutive Strategie erklären, die in Abhängigkeit von den aktuellen Lebensbedingungen einmal die Großen, ein andermal die Kleinen bevorzugt. Geschlechtsspezifische Häutungsunterschiede mit weniger Häutungen bei Männchen weisen ebenfalls auf unterschiedliche evolutive Zwänge hin: für Männchen könnte es vorteilhaft sein, möglichst schnell geschlechtsreif zu werden, während längeres Wachstum mit größerer Endmasse bei Weibchen zu Vorteilen beim „Kinderkriegen" führen könnte.
Fehlen die entsprechenden Auslöser, können Skorpione Häutungen um Monate bis Jahre verzögern. Junge *Buthus occitanus* überlebten ohne Häutung zwei und *Androctonus australis* sogar drei bis sechs Jahre. Bot man solchen gut genährten „Verzögerern" die Möglichkeit, sich in warmen Sand von etwa 30 °C einzugraben, häuteten sie sich nach kurzer Zeit erfolgreich.
Seine erste Häutung macht ein Skorpion etwa ein bis drei Wochen nach seiner Geburt auf dem mütterlichen Rücken durch (Extremwerte über alle Arten 1 bis 51 Tage). Diese Häutung verläuft bei allen Jungtieren eines Wurfes etwa zeitgleich.

Postembryonales Entwicklungsstadium (• Häutung)							
1 •	2 •	3 •	4 •	5 •	6 •	7•	8
Larve	1. bis 5. Nymphenstadium (Juvenilstadien)					subadult	adult
instar 1	instar 2	instar 3	instar 4	instar 5	instar 6	instar 7	

Sie geht mit tiefgreifenden Veränderungen von Struktur und Verhalten einher, weshalb man sie oft als „Larvalhäutung" bezeichnet und sie so von den Häutungen der folgenden „Nymphenstadien" abgrenzt. Mit der ersten Häutung entwickeln Skorpione ihre typische Färbung und Oberflächenskulptur. Wichtige Sinneshaare wie die Trichobothrien sind in endgültiger Anordnung und Zahl vorhanden, die Füße und Mundwerkzeuge sind funktionsfähig und der Stachel ist als Waffe einsetzbar.

Um das Wachstum eines Skorpions mitzuverfolgen, kann man ihn regelmäßig wiegen (wozu bei Jungtieren oder kleinen Arten eine teure Feinwaage nötig ist). Die einzigen Freilanddaten zur Gewichtsentwicklung von Skorpionen stammen vom nordamerikanischen Sandskorpion *Paruroctonus mesaensis* (POLIS & FARLEY 1979). Erwachsene Tiere sind mit ungefähr 2 g Lebendgewicht knapp 70-mal schwerer als Neugeborene (0,03 g). Eine entsprechende Gewichtsvervielfachung zeigen auch im Terrarium aufgezogene Kaiserskorpione, die von Häutung zu Häutung ihr Körpergewicht ungefähr verdoppeln. Aber selbst unter kontrollierten Bedingungen sind auch innerhalb eines Wurfes mehr oder weniger große individuelle Wachstumsschwankungen zu erwarten.

Vom aktuellen Ernährungsstatus unabhängig sind die Maße des Außenskeletts. Ob sich ein Skorpion gerade frisch gehäutet hat oder vollgefressen kurz vor der nächsten Häutung steht: Länge und Breite seines Prosomas oder die Länge des 5. Metasomasegments werden im selben Entwicklungsstadium immer gleich sein. Die exakte Vermessung solcher gewichtsunabhängiger Strukturen führt man am besten unter einer Stereolupe mit Messokular durch; man kann sich aber auch mit einem billigeren Fadenzähler behelfen. Wichtig beim Messen ist in jedem Fall, immer die gleichen Referenzpunkte anzupeilen. Die meisten Autoren, auch SISSOM, POLIS & WATT (1990), beziehen sich hierzu auf die Publikation von STAHNKE (1970).

Wegen der Dehnbarkeit der Intersegmentalhäute ist die Gesamtlänge eines Skorpions (Prosomavorderrand bis Stachelspitze) nur als ungefähre Maßangabe zu verstehen. Immerhin geben solche Messungen einen Eindruck vom Zuwachs im Verlauf des Lebens: ein neugeborener *Paruroctonus mesaensis* von 13 mm Länge muss um das Sechsfache zulegen, bis er erwachsen ist.

Mit der letzten Häutung erreichen Skorpione ihre maximale Größe (nicht das maximale Gewicht!) und sind geschlechtsreif. Auch hier gibt es innerhalb der Ordnung große Unterschiede (wobei verlässliche Freilanddaten so gut wie nicht existieren). Während manche Buthiden (z.B. *Buthus occitanus*) oder Chactiden (z.B. *Euscorpius italicus*) schon nach einem halben Jahr erwachsen sein können, sind viele Arten der Scorpionidae ausgesprochene „Spätentwickler", die z.T. erst nach über vier Jahren fortpflanzungsreif sind. In Terrarien wachsen Skorpione meist unter Nahrungsüberfluss heran und sind auch nicht gezwungen, klimabedingte Ruhephasen einzuhalten. Schnellere Entwicklungszeiten sind unter diesen Bedingungen daher wohl die Regel. Männliche und weibliche Kaiserskorpione wurden unter kontrollierten Laborbedingungen im achten Stadium im Alter von durchschnittlich 40 bzw. 46 Monaten erwachsen (Mahsberg & M. Kraus, unveröffentl.).

Im Vergleich zu den meisten anderen Arthropoden werden Skorpione mit durchschnittlich zwei bis fünf Jahren sehr alt, wobei auch hier familienspezifische Tendenzen zu beobachten sind. So stehen den relativ kurzlebigen Buthiden (zwei bis fünf Jahre) die größeren Scorpionidae gegenüber, die durchschnittlich acht Jahre alt werden. *Pandinus imperator* kann es auf etwa 15 Jahre bringen. Den bisherigen Altersrekord hält ein *Hadrurus arizonensis* mit über 26 Terrarienjahren (STAHNKE 1966). Im Labor erreicht sogar der kleine *Euscorpius italicus* acht Lebensjahre. In der Natur werden Feinde und Krankheiten Skorpione jedoch kaum zu solchen Greisen werden lassen.

Verbreitung und Lebensräume von Skorpionen

Skorpione global gesehen

Skorpione sind auf allen Kontinenten zu finden. Ihre Verbreitungsgrenze fällt etwa mit dem 50. nördlichen und südlichen Breitengrad zusammen. Auf der Südhalbkugel fehlen Skorpione nur in der Antarktis. Auch Neuseeland war ursprünglich „skorpionfreie Zone", bis dort einige Arten eingeschleppt wurden. Nördlich des Äquators erreichen *Mesobuthus* spp. (Buthidae) die Mongolei und *Euscorpius* spp. (Chactidae) Mitteleuropa. Während in Deutschland keine Skorpione vorkommen, kann man schon in Niederösterreich auf den kleinen *Euscorpius carpathicus* stoßen, der auch in Südeuropa und bis in die Türkei anzutreffen ist. Von der Schweiz bis in den Balkan verbreitet ist *Euscorpius italicus*. KINZELBACH (1982) listet für Europa (bis Anatolien) elf Skorpionarten auf, für die er auch einen Bestimmungsschlüssel erstellte.

Da Skorpione besonders wärmeliebende Spinnentiere sind, entfalten sie ihren größten Artenreichtum in subtropischen Wüstengebieten, gefolgt von Lebensräumen der Tropen. Die Biogeographie tropischer Skorpionarten, die ein oft uneinheitliches Verbreitungsmuster aufweisen, ist Thema zahlreicher Arbeiten von LOURENÇO (z.B. 1998).

In den hohen Breiten nimmt die Artenzahl von Skorpionen deutlich ab. Ebenso haben nur wenige Arten große Höhen kolonisiert. *Euscorpius germanus* kommt in der Schweiz noch in 2250 m Höhe vor, dem höchstgelegenen Skorpionfundort Europas (BRAUNWALDER & TSCHUDIN 1997). In den Gebirgen Nordafrikas und Mittelasiens, in denen es im Winter sehr kalt wird, leben einige Skorpionarten in bis zu 3000 m Höhe. Im Himalaya entdeckte man *Scorpiops rohtangensis* (Vaejovidae) in 4300 m unter verschneiten Steinen. „Höhenrekordler" ist *Orobothriurus crassimanus* (Bothriuridae), den man in den Anden in 5500 m fand. Soweit bisher bekannt, entgehen Skorpione den tödlichen Gefahren von Frost durch Gefrierpunkterniedrigung ihrer Körperflüssigkeit oder wie bei *Centruroides vittatus* durch Gefriertoleranz. Viele Arten ziehen sich rechtzeitig an geschützte Stellen zurück und vermeiden so Temperaturextreme - dies gilt für Minus- und Plus-Grade gleichermaßen.

Skorpione liefern auch Beispiele für aktuelle Verschiebungen ihres Vorkommens. Langzeituntersuchungen von WARBURG (1997) in Israel ergaben, dass sich *Leiurus quinquestriatus*, ein ursprünglich auf südliche Wüstenregionen des Landes beschränkter Buthide inzwischen bis in den Mittelmeerraum vorwagt. Im Gegenzug nahm der Bestand des dort einst häufigen *Scorpio maurus fuscus* (Scorpionidae) drastisch ab, der dem aggressiven Skorpionjäger *Leiurus* unterlegen ist. Ob dieser auf seinem Weg nach Norden von einer globalen Klimaerhöhung profitiert ist zwar spekulativ. An Skorpionen als Wärmeliebhabern sollten sich solche großklimatischen Entwicklungen aber gut verfolgen lassen.

Seit Beginn der Ozeanschifffahrt werden Skorpione immer wieder weltweit verschleppt. Auch im Reisegepäck versteckt sich gelegentlich ungeahnte lebende Fracht. Schon mancher ahnungslose Südeuropaurlauber stieß beim Auspacken seines Koffers im fernen Deutschland auf den kleinen braunen *Euscorpius italicus*, der auch in seiner Heimat gerne in Häusern lebt. Während die meisten dieser „blinden Passagiere" ihre Ausbürgerung nicht lange überleben dürften, gelang es einigen wenigen Arten wie dem tropischen *Isometrus maculatus*, sich dauerhaft in der Fremde anzusiedeln. Eine freie ökologische Nische fand auch *Euscorpius flavicaudis* im vom Golfstrom erwärmten Südengland, wo er anfangs des 19. Jahrhunderts eingeschleppt wurde und seitdem regelmäßig an

Androctonus amoureuxi, ein großer Buthide Nordafrikas.

Im Geröll dieser Halbwüstenlandschaft Nordafrikas finden etliche Skorpionarten (z.B. ***Androctonus*** spec., ***Buthus*** spec., ***Scorpio maurus***) gute Lebensmöglichkeiten.

Fotos: D. Mahsberg

zutreffen ist (CLOUDSLEY-THOMPSON & CONSTANTINOU 1983). Neuerdings findet man diesen Europäer sogar in der Neuen Welt (TOSCANO-GADEA 1998). Er ist ein Beispiel für die große Anpassungsfähigkeit vieler Skorpione.

Wo leben Skorpione?

Wie man angesichts ihrer ausgedehnten Verbreitung vermuten kann, leben Skorpione in den unterschiedlichsten Vegetations- und Klimazonen. Sie haben sich dort eine Vielfalt ökologischer Nischen erschlossen: vom Spülsaum des Meeres bis zur Sanddüne und von unterirdischen Höhlen bis zur „Dach-Etage" der Bromelien in den Baumwipfeln des Regenwaldes. Die meisten Arten sind Bodenbewohner wüsten- und steppenartiger Landschaften, wo sie sehr häufig sein können. Mit bis zu über einem Dutzend sympatrischer Arten und stellenweise 4000 bis 10 000 Individuen pro Hektar gehören manche Wüsten zu den skorpionreichsten Flecken der Erde (POLIS & YAMASHITA 1991). Gemessen an ihrer Biomasse (Summe der Lebendmasse aller Individuen einer Fläche) übertreffen manche Skorpione alle anderen Tiere ihres Lebensraums: *Leiurus quinquestriatus* kann eine Biomasse von über 16 und *Hadrurus* sogar von 20 kg pro Hektar erzielen. Solche Aktivitätsdichten sind jedoch nicht die Regel, sondern treten nur in wenigen Nächten mit besonders reichhaltigem Beuteangebot auf. Auch Regen nach langer Trockenheit kann Wüstenskorpione in Scharen aus ihren Verstecken locken. In vegetationsarmen Gebieten sind Skorpione generell seltener. Auch in Wüsten bevorzugen sie Stellen mit Pflanzenwuchs, der mit höherem Nahrungsangebot korreliert ist und mehr Versteckmöglichkeiten bietet.

Obwohl es ungewöhnlich klingt, scheinen Haufen angespülter *Sargassum*-Algen die idealen Skorpionlebensräume zu sein, denn einige Arten kommen in und auf Anwurf der Gezeitenzone in erstaunlicher Dichte vor. Der kleine *Vaejovis littoralis* z.B. teilt sich einen Quadratmeter kalifornischen Strandes mit bis zu 12 Artgenossen, die sich von dort häufigen Asseln ernähren (WILLIAMS 1980, zitiert in POLIS 1990).

Apropos Versteck: dort verbringen Skorpione die meiste Zeit ihres Lebens. Man findet sie unter Steinen, in Felsritzen, im Mauerwerk, unter loser Rinde und Falllaub, in morschem Holz, in Baumhöhlen, unter Moospolstern, in den Blattachseln von Palmen, aber auch in von anderen Tieren gegrabenen Gängen usw. Viele Buthiden z.B. akzeptieren alles, was als „Dach über dem Kopf" geeignet ist - vom flachen Stein und Rindenstück bis zur Blechbüchse oder dem Schlafsack und Wanderstiefel. Sie heben unter ihrem Versteck meist nur eine flache Mulde aus, die ihnen allseitigen Körperkontakt (Tigmotaxis) ermöglicht. Der Vorliebe aller Skorpione für enge Wohnungen sollte man auch im Terrarium entsprechen, da die Tiere sonst nicht zur Ruhe kommen und dauernd auf der Suche nach einem besseren Versteck umherlaufen. Mit dem Rücken nach unten an einem warmen Stein zu sitzen ist für viele Arten auch nicht ungewöhnlich. Dies sollte man aus Sicherheitsgründen bedenken, wenn man bei der Skorpionpirsch Steine umdreht.

Wo spezifische ökologische Bedingungen zur Ausbildung besonders angepasster Strukturen geführt haben, lassen sich Skorpione bestimmten „Ökomorphotypen" zuordnen. Felsliebende (lithophile) Habitatspezialisten sind z.B. die *Hadogenes*-Arten Südafrikas. Mit ihrem langgestreckten, flachgedrückten Körper und den schlanken Scheren passen sie gut in enge Felsspalten hinein. Dank kräftiger, gebogener Fußklauen und robuster Sohlendornen finden sie am Fels soliden Halt. Auch *Euscorpius flavicaudis* ist bevorzugt in Spalten und Mauerritzen anzutreffen. Wie BENTON (1992a) berichtet, verlassen Weibchen „ihre" Ritze weniger als zehnmal im Jahr!

Spezialbildungen wie verbreiterte, dicht behaarte Füße zum Graben in sandigen Böden zeichnen den Ökomorphotyp sandliebender (psammophiler) Skorpione wie *Opisthophtalmus holmi*, *Vejovoidus longiunguis*, *Paruroctonus mesaensis* oder *Liobuthus kessleri* aus. Dieser mittelasiatische Buthide stützt sich auf seine Scheren und das letzte Beinpaar, während die anderen sechs Beine den Sand wie ein Schaufelbagger nach hinten wegschleudern. Tagsüber bleibt er etwa 20 cm tief im Sand vergraben, um erst nach Abklingen der Tageshitze an die Oberfläche zu kommen.

Wer in so enge Spalten passt, heißt zu Recht auch Spaltenskorpion (***Hadogenes bicolor***). Foto: R. Lippe

Außer den Buthiden sind fast alle anderen Skorpione Bewohner von Höhlen, die sie z.B. im zerklüfteten Wurzelbereich von Bäumen angelegt, von anderen Arthropoden oder von Nagetieren übernommen oder selbst gegraben haben. Im artenreichen Südafrika sind *Opisthophtalmus*-Arten an ganz bestimmte Bodenhärten angepasst und graben keinesfalls an jedem beliebigen Fleck.

Schon den kräftigen Fußklauen und kurzbedornten Tarsen, den stabilen Cheliceren und mächtigen Scherenhänden vieler Scorpionidae und Diplocentridae sieht man an, dass sie zu den obligatorisch grabenden Arten gehören. Ihre Höhlen, die nur wenig unter der Erdoberfläche liegen oder auch bis einen Meter oder tiefer reichen können, sind oft spiralig angelegt. Bei den australischen Arten der Gattung *Urodacus* schrauben sich sechs bis sieben Windungen in die Tiefe.

In einer Kammer am Gangende wohnt der Höhlenbesitzer, der sein Zuhause nur selten verlässt. Höhlenbewohnende Skorpione sind überwiegend Ansitzjäger, die nicht zur mobilen Jagd ausrücken, sondern auf unvorsichtige Beute lauern. In nordafrikanischen und vorderasiatischen Halbwüsten lebt *Scorpio maurus*, der die Frühjahrsregen aus-

Euscorpius-Arten mögen warme Natursteinmauern, die gleichzeitig Feuchtigkeit bieten. Foto: D. Mahsberg

Scorpio maurus palmatus hat vor seiner Höhle in der Negev-Wüste/Israel Beutereste abgelagert.
Foto: D. Mahsberg

Warten auf Beute: Kaiserskorpion (***Pandinus imperator***) in Angriffsbereitschaft (Comoé-Nationalpark/Elfenbeinküste). Foto: D. Mahsberg

nützt, um im dann aufgeweichten Lössboden einen bis zu einen Meter langen Gang zu graben. Er verrät seine Anwesenheit nur durch den halbmondförmigen Höhleneingang, vor den er gelegentlich seinen „Müll" kehrt: Überbleibsel seiner Beute und Häutungsreste. Sein sicheres Versteck zu verlassen kann das Todesurteil für *Scorpio* sein, da allerlei Räuber wie Agamen, Steinschmätzer oder Füchse auf ihn warten. Eine Höhle ist auch „Lebensversicherung" für die großen *Pandinus*-Arten südlich der Sahara. Sie sind ausgemachte „Stubenhocker", die vermutlich über 90 % ihres Lebens mit „Innendienst" verbringen. Höhlenbesitz, schwankendes Beuteangebot und hoher Feinddruck auf Auswandernde waren vermutlich Voraussetzungen für die Bildung sozialer Gruppen bei *Pandinus imperator* und einigen anderen Skorpionarten (s.a. MAHSBERG 1998, 2000).

Am tiefsten verziehen sich Skorpione geologischer Höhlensysteme unter die Erde, wobei *Alacran tartarus* (Chactidae) mit 812 m Rekordhalter ist. Etwa ein Dutzend Arten haben sich diese lichtlosen Lebensräume erschlossen. Viele dieser blass aussehenden, pigmentarmen Skorpione haben ihre Augen stark reduziert oder sind sogar ganz blind. Die meisten Höhlenarten leben in den Neotropen; als einziger europäischer Vertreter dieser seltenen Spezialisten kommt der Chactide *Belisarius xambeui* in Höhlen der Pyrenäen vor.

Das Weibchen des tunesischen Fahlbürzelsteinschmätzers (***Oenanthe moesta***) wird diesen ***Scorpio maurus tunetanus*** gleich an ihre Jungen verfüttern.
Foto: K. E. Linsenmair

Ein Gewitter naht! Mit Beginn der Regenzeit werden viele Tiere wieder aktiv, auch Kaiserskorpione.
Foto: D. Mahsberg

Kaiserskorpion (***Pandinus imperator***) auf dem Weg in seine Höhle (Comoé-Nationalpark/Elfenbeinküste).
Foto: D. Mahsberg

In der Trockenzeit, wenn die westafrikanische Savanne abgebrannt ist, bleibt ***Pandinus imperator*** in seiner Höhle.
Foto: D. Mahsberg

Das System der Skorpione: ein Familienüberblick

Nach dem aktuellen Katalog der fossilen und rezenten Skorpione von FET, SISSOM, LOWE & BRAUNWALDER (1999) unterteilt man die knapp 1200 Arten der Ordnung in 13 Familien. Bis diese auf umfangreichen Revisionen basierende Arbeit ihren Niederschlag in der Literatur findet, soll hier die von SISSOM (1990) bekannte Einteilung rezenter Skorpione in neun Familien beibehalten werden: die Buthidae, Chaerilidae, Ischnuridae, Diplocentridae, Scorpionidae, Bothriuridae, Chactidae, Iuridae und Vaejovidae. Für die Skorpionsystematik wichtig ist neben anatomischen Merkmalen u.a. die Form der Brustplatte (Sternum), die Bezahnung der Cheliceren, die Form der Scherenhände und die Bezahnung der Scherenfinger des Pedipalpus, die Ausbildung des Giftstachels (Telson), die Zahl und die Stellung der Seitenaugen (Lateralaugen), das Vorhandensein von Krallen, Sporen oder Borsten an den Beinen sowie Zahl und Verteilungsmuster der Becherhaare (Trichobothrien) auf den Pedipalpen. Um den artspezifischen Bau der Spermatophore beurteilen zu können, muss diese aus dem männlichen Paraxialorgan herauspräpariert werden.

Chactidae? Diplocentridae? Bothriuridae? Nach einem Foto allein sind Skorpione oft nicht einmal sicher einer Familie zuzuordnen - so, wie dieses Tier aus den Anden Ecuadors. Foto: H. Werning

Während Skorpione noch ohne größere Probleme bis auf Familienniveau bestimmbar sind, benötigt man für die Zuordnung der meisten Gattungen schon eine Stereolupe, um z.B. die Trichobothrien erkennen zu können. Einen nach SISSOM (1990) modifizierten Familienbestimmungsschlüssel hat SCHMIDT (1992) publiziert. Im Folgenden seien zunächst alle neun Familien der rezenten Skorpione kurz vorgestellt.

Buthidae

Mit 50 Gattungen und über 500 Arten sind Buthiden die artenreichste Skorpionfamilie, die in vieler Hinsicht eine Sonderstellung innerhalb der Ordnung einnimmt.

Kennzeichnend für (fast) alle Buthiden ist das angenähert dreieckige Sternum (S. 20, Abb. 3A) Skorpione mit schlanken pinzettenförmigen Scherenhänden, die nicht oder nur wenig breiter sind als Femur und Tibia des Pedipalpus, sind meist Angehörige dieser Familie. Buthiden sind oft strohgelb bis sandfarben oder zeigen verschiedene Brauntöne, aber auch schwarze Arten kommen vor (z.B. *Androctonus mauritanicus*). Manche wie *Isometrus maculatus*, *Babycurus kirki* oder *Uroplectes* spp. wirken durch verschieden getönte Flecken und Makeln fast bunt. Neben kleinen Arten von 1,5 bis 2 cm Länge (z.B. *Compsobuthus werneri* oder *Butheoloides anniae*) werden *Parabuthus villosus* oder manche *Androctonus* über 10 cm lang. Die meisten Buthiden sind mittelgroße Skorpione.

Für die Gattungsbestimmung sind u.a. die Granulation und das Kielmuster auf der Prosomaoberseite wichtig. Außerdem kommt in manchen Gattungen wie den neotropischen, teils sehr gif-

Uroplectes spec., ein Buthide aus Südafrika.
Foto: D. Mahsberg

tigen *Tityus*-Arten ein Subakulearstachel vor, der wie ein Dorn unterhalb des Giftstachels hervorsteht. Subakulearstachel bzw. -tuberkel, gelegentlich sogar in Mehrzahl, gibt es in unterschiedlicher Größe auch bei anderen Skorpionen, z.B. bei *Centruroides gracilis* (Buthidae), *Diplocentrus whitei* (Diplocentridae) oder *Broteochactas* spp. (Chactidae).
Die Buthidae sind in nahezu allen tiergeographischen Landlebensräumen der Erde zu finden.

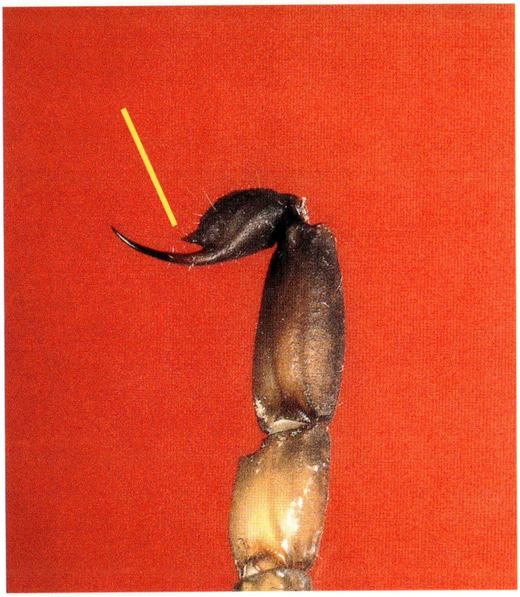

Subakulearstachel (hier bei ***Isometrus maculatus***) stehen nicht mit Giftdrüsen in Verbindung.
Foto: H. Fischer

Centruroides spec. (Buthidae), Mittelamerika. Foto: D. Mahsberg

Einzige südeuropäische Art ist der gelbbraune Feldskorpion (*Buthus occitanus occitanus*), der u.a. wegen der lyraförmigen Erhebung auf dem Prosoma mit keinem anderen europäischen Skorpion verwechselt werden kann.
Die klassischen „Wüstenskorpione" sind überwiegend Buthiden. Sie entgehen den hohen Temperaturen der Wüste und Halbwüste, indem sie sich tagsüber eingraben oder unter Steinen oder in Spalten verstecken. In warmen Nächten laufen sie dagegen umher und klettern beim Beutefang auch in Bäume und Büsche. Wo Buthiden wie in Nordafrika besonders artenreich sind, teilen sie sich den Lebensraum z.B. durch Nutzung unterschiedlicher Substrate auf: während *Buthacus arenicola* Sandböden bevorzugt, findet man *Androctonus* spp. eher auf den Lehm-Löss-Böden der Hamada oder in felsigem Areal. Andere Buthidenarten kommen ausschließlich in Wäldern vor, vom Trocken- bis zum Regenwald, wo sie unter loser Rinde, umgestürzten Baumstämmen oder im Wurzelwerk verborgen leben und Spinnen, Termiten und andere Insekten jagen. Der in der englischen Fachliteratur gebräuchliche Terminus „bark scorpions" (= Rindenskorpione) trifft auf viele Buthiden zu und kennzeichnet ihre Vorliebe für Verstecke aus totem pflanzlichen Material.
Wo im Verbreitungsgebiet Häuser oder Ställe Unterschlupf und Nahrung für Buthiden bereit-

stellen, muss man auch immer damit rechnen, direkten Kontakt mit ihnen zu bekommen. Wenn wie in Südamerika bestimmte sehr giftige *Tityus*-Arten gelegentlich in großer Zahl in Siedlungen einwandern, kann dies für die Anwohner zu einem ernsten Problem werden. Zu den Buthiden zählen auch „Giftsprüher" wie die südafrikanischen *Parabuthus*-Arten. „Gefährliche" Skorpione, die auch für den Menschen stark giftig sind, gehören überwiegend zu den Buthidae (siehe „Skorpione als Gifttiere").

Chaerilidae

Die Chaerilidae sind mit 23 Arten der Gattung *Chaerilus* eine weitgehend unbekannte und isolierte Gruppe, die nur über die spezifische Trichobothrienverteilung am Pedipalpenfemur und die kopfwärts ungewöhnlich verbreiterten Hüftfortsätze identifiziert werden kann. Diese Skorpione leben im Fernen Osten, von Indien über Südostasien und die Philippinen, Sulawesi, Borneo und Java bis nach Sumatra und weiteren indonesischen Inseln. Chaeriliden bevorzugen feuchte Habitate, wo sie unter Steinen und umgestürzten Baumstämmen zu finden sind.

Scorpionidae

Mit sieben Gattungen und etwa 120 Arten sind die ausschließlich altweltlichen Scorpionidae die zweitgrößte Skorpionfamilie. Ein fünfeckiges Sternum (S. 20, Abb. 3B) und meist sehr breite, kräftige Scherenhände sind nur zwei aus einer Reihe weiterer familienspezifischer Merkmale. In vier Gattungen treten rudimentäre (*Scorpio*) oder

Scorpio maurus tunetanus (Scorpionidae) aus Süd-Tunesien . Foto: D. Mahsberg

funktionsfähige Stridulationsorgane auf (*Pandinus*, *Heterometrus*, *Opisthophtalmus*); siehe auch „Skorpione - taubstumme Nachtwandler?"
Das Verbreitungsgebiet der Scorpionidae erstreckt sich von Afrika und dem östlichen Mittelmeerraum über den Mittleren und Fernen Osten bis nach Australien. Sie bewohnen Halbwüsten, Savannen und Regenwälder, wobei ihre Höhlen ein ausgeglichenes Mikroklima bieten. Alle können gut graben, sind aber auch unter großen Steinen, umgestürzten Baumstämmen oder in Termitenhügeln zu finden. Viele der häufiger im Terrarium gepflegten Arten stammen aus dieser Familie, zu der die größten rezenten Skorpione gehören. Am bekanntesten dürfte der westafrikanische Kaiserskorpion *Pandinus imperator* sein, der etwa 20 cm lang werden kann und meist 20 bis 30 g schwer ist (ein trächtiges Weibchen erreichte einmal sogar 60 g!). Diese Skorpione werden immer wieder mit teils äußerst ähnlichen Arten der südostasiatischen Schwestergruppen-Gattung *Heterometrus* verwechselt, die von COUZIJN (1981) revidiert wurde. Ein Blick mit der Stereolupe verschafft schnell Klarheit, wer wozu gehört: während alle 21 *Heterometrus*-Arten 48 Trichobothrien je Pedipalpus besitzen, sind dies bei *Pandinus imperator* 85 (die zusätzlichen Haare stehen v.a. unterseits der Pedipalpentibia). Hinsichtlich ihrer Ökologie und ihres Verhaltens ist *Heterometrus* eine sehr vielfältige Gattung, die wie *Pandinus* auch subsoziale Arten hervorgebracht hat (MAHSBERG 1998, 2000).

Diplocentridae

Die meisten Diplocentriden, zu denen etwa 70 Arten gehören, sind Skorpione mit kräftigen Scherenhänden, fünfeckigem Sternum und einem mehr oder weniger ausgeprägten Subakulearstachel. Durch dieses Telsonmerkmal werden sie auch von den nah verwandten Scorpionidae getrennt, mit denen sie z.B. den gleichen Modus der Embryonalentwicklung teilen (Katoikogenie, s.a. Ischnuridae). Die meisten Diplocentridenarten leben in Nord- bis Mittelamerika. In Trockengebieten suchen sie feuchtere Mikrohabitate auf. Mit zehn Arten kommt die Gattung *Nebo* als paläarktische Reliktgruppe in der Alten Welt vor. *Nebo hierichonticus*, der mit knapp neun Zentimeter größte Skorpion Israels, lebt unter Steinen, bewohnt Nagerbauten oder gräbt sich eine Wohnhöhle. Mit seinen kräftigen Scheren erbeutet er mühelos auch größere Arthropoden wie Schwarzkäfer.

Ischnuridae

Die acht Gattungen und ca. 50 Arten dieser Familie zeigen viele Übereinstimmungen mit den Scorpionidae, innerhalb derer sie früher als Unterfamilie geführt wurden. Für den Laien sind bis auf das fünfeckige Sternum fast alle anatomischen und morphologischen Merkmale der Ischnuridae nur schwer fassbar. Dagegen kennt jeder Skorpionliebhaber die südafrikanische Ischnuriden-Gattung *Hadogenes* mit ihren teils sehr großen Vertretern. *Hadogenes*-Arten nehmen unter allen Skorpionen insofern eine Sonderstellung ein, als sie auf jedem Pedipalpus bis zu 150 Trichobothrien besitzen. Im Vergleich zum Grundmuster Typ C nach VACHON (1973) mit 48 Trichobothrien ist dies eine sehr hohe Dichte an Sinneshaaren, die in diesem Ausmaß auch von anderen Skorpiongattungen mit erhöhter Trichobothrienzahl nicht erreicht wird. Wofür diese zusätzlichen Sensillen gebraucht werden, ist unklar. Während *Hadogenes* typische Felsenbewohner sind, gehören v.a. die *Opisthacanthus*-Arten zu den grabenden Skorpionen.
In den Trockengebieten Madagaskars findet man *Heteroscorpion opisthacanthoides* unter loser Rinde und häufig auch im Bast von Palmenblättern. Die Verbreitung rezenter Ischnuriden deutet auf den Gondwana-Ursprung dieser Gruppe hin, die außer im südlichen und östlichen Afrika in Madagaskar, Südamerika, Indien, Südostasien und Australien vertreten ist.

Männchen des Dünnschwanz- oder Spaltenskorpions ***Hadogenes bicolor***. Foto: W. Schmidt

Die Ischnuridae sind überwiegend große bis sehr große Skorpione, die langsam wachsen, langlebig sind und katoikogene Embryogenese zeigen. Außer dem brasilianischen *Opisthacanthas cayaporum* könnten noch andere Arten dieser Familie als Kandidaten für Sozialität bei Skorpionen in Frage kommen.

Bothriuridae

Mit 12 Gattungen und knapp 80 Arten kommen die Bothriuridae in Südamerika, Australien und Südafrika vor. Das Sternum der Bothriuridae ist eine quer liegende schmale Platte, die, wenn andeutungsweise fünfeckig, ein Mehrfaches breiter als hoch ist (S. 20, Abb. 3C). Die Form des Sternums ist damit für die Buthidae (dreieckig) und Bothriuridae (schmal) ein eindeutiges Familienmerkmal.

Bothriuriden leben in kleinen Höhlen, unter Steinen, in Felsspalten oder in selbstgegrabenen, bis zu 40 cm tiefen Erdbauten. Der argentinische *Urophonius brachycentrus* ist die bisher einzig bekannte Ausnahme vom sonst bei Skorpionen üblichen „Auf-den-Rücken-der-Mutter-klettern“: seine Neugeborenen sitzen, mit Dotterreserven beladen, in einer unterirdischen Geburtskammer, wo sie sich nach über drei Wochen erstmals häuten. Die Männchen einiger Bothriuridenarten besitzen am Telson und am fünften Metasomasegment Drüsen, mit deren Sekret sie die Weibchen beim Paarungsvorspiel einreiben. PERETTI (1997) vermutet, dass dies schlecht gelaunte Damen geneigter macht...

Chactidae

Die Systematik der Chactidae und der darauf folgenden Vaejovidae ist umstritten, weshalb trennende familienspezifische Merkmale nicht benannt werden können. Unter den 18 Gattungen und ca. 140 Arten der Chactidae sind die vorwiegend im Dauerdunkel von kühlen Höhlen lebenden noch am leichtesten zu identifizieren, da ihnen Median- und z.T. sogar Lateralaugen fehlen.

Die meisten Chactiden leben in Mittel- und Südamerika. In Europa kommen neben *Belisarius xambeui*, dem Höhlenskorpion der Pyrenäen, noch fünf Arten der Gattung *Euscorpius* vor, die v.a. durch ihr Trichobothrienmuster gut voneinander unterschieden werden können (KIN-

Euscorpius italicus wird bald zur neuen Skorpionfamilie Euscorpiidae gestellt. Foto: W. Schmidt

ZELBACH 1982, BRAUNWALDER & TSCHUDIN 1997). Im revidierten System von FET, SISSOM, LOWE & BRAUNWALDER (1999) wird die Gattung *Euscorpius* einer neuen Familie Euscorpiidae zugeordnet sein (Braunwalder, persönl. Mitteil.).

Vaejovidae

Die Systematik der 130 Arten der Familie Vaejovidae ist im Umbruch. Unter den derzeit 13 Gattungen nimmt z.B. *Vaejovis* den unbefriedigenden Rang einer „Sammelgattung" ein, in der etliche Arten mit unklarem Status stehen. Wie bei den Chactidae sind familienspezifische Merkmale nur unter Berücksichtigung der Beinbedornung, des Trichobothrienmusters und der Chelicerenbezahnung erkennbar.
Das Hauptverbreitungsgebiet der Vaejoviden liegt in den Vereinigten Staaten und Mexiko; wenige Arten kommen in Südostasien vor. Bevorzugt werden trockene, wüstenhafte Biotope.

Der Sandskorpion ***Smeringurus*** (=***Paruroctonus***) ***mesaensis***, eine der bestuntersuchten Skorpionarten. Foto: R. Lippe

Hadrurus arizonensis (Iuridae), ein Bewohner nordamerikanischer Wüsten, jagt bevorzugt Artgenossen und andere Skorpione. Foto: W. Schmidt

Während der kräftige *Anuroctonus phaiodactylus* auch in härterem Untergrund Höhlen anlegt und diese selten verlässt, meidet der Sandskorpion *Paruroctonus mesaensis* festere Böden und lauert nachts auf Dünen seiner Beute auf.

Iuridae

Mit nur fünf Gattungen und 19 Arten stellen die Iuridae die kleinste Skorpionfamilie dar. Im Gegensatz zu allen anderen Skorpionen tragen sie am Innenrand des beweglichen Chelicerenfingers ein bis zwei große dunkle Zähne. Ansonsten sind sie den Chactidae und Vaejovidae sehr ähnlich, mit denen sie früher vereint waren.

Die Arten der Unterfamilie Caraboctoninae kommen von Trockengebieten der nordamerikanischen Westküste bis nach Mittel- und Südamerika vor. Die Beute von *Hadrurus arizonensis* besteht zu über einem Fünftel aus anderen Skorpionen. Mit bis zu 11 cm Länge ist der grünlich gefärbte *Hadrurus hirsutus* die größte Art der Gattung. *Hadrurus concolorus* vermag Gift über etwa 10 cm Entfernung zu versprühen.
Die drei Arten der Unterfamilie Iurinae leben in der Türkei und an der Mittelmeerküste Griechenlands, wo man auch auf den gelbbraunen *Iurus dufoureius* stoßen kann, der vom Aussehen zunächst an einen Buthiden erinnert.

Skorpione als Gifttiere

Sind alle Skorpione giftig?

Diese Frage ist eindeutig mit „Ja“ zu beantworten, denn alle Skorpione sind aktiv giftig. Dies bedeutet, dass sie ihr Gift parenteral, ohne Umweg über den Verdauungstrakt, direkt in den Kreislauf des Opfers einbringen (MEBS 1992). Skorpione besitzen am Ende ihres „Schwanzes“ (Metasoma) ein bewegliches, ballonförmiges Telson, das als Stechapparat fungiert. Sein mehr oder weniger stark gekrümmter Giftstachel steht über zwei feine Ausführkanäle mit einem Paar Giftblasen in Verbindung, in deren Epithel die Gift sezernierenden Drüsenzellen eingebettet sind. Neben der Form des Telsons ist auch die Morphologie der Giftblasen von großem systematischen Wert. So nimmt die Oberfläche des Drüsenepithels von den Chactidae (relativ glattwandig, geringe Oberfläche) bis hin zu den Buthidae (starke Faltungen, große Oberfläche) deutlich zu. Das von den Drüsenzellen abgesonderte Gift wird in den Giftblasen gespeichert. Dabei ist es keineswegs so, dass diese Blasen „nach einmaligem Gebrauch“ leer sind und der Skorpion damit „ungiftig“ wird. Vielmehr setzen Skorpione ihre Gifte, die schon in geringer Menge wirksam sind, sehr sparsam ein. Buthiden wie *Leiurus quinquestriatus* kann man dutzende Male Grillen vorsetzen und sie ihnen sofort nach dem Stich wieder abnehmen - auch die zuletzt Gestochenen werden die schnelle Wirkung der lähmenden Toxine zeigen. Dosierter Giftgebrauch ist vermutlich auch ein Hinweis auf die hohen „Herstellungskosten“ für diese komplexen chemischen Gemische, deren Hauptaufgabe es ist, Beute kampfunfähig zu machen und Angreifer nachhaltig zu warnen. Seinen Stachel bohrt ein Skorpion nicht wahllos in den Körper des Opfers, sondern versenkt ihn meist ganz gezielt in weiche Intersegmentalhäute, in Kopf oder Bauchmark, wo das Gift schnell sein Ziel erreicht.

Leiurus quinquestriatus (Buthidae), ein stechfreudiger und gefährlicher Wüstenbewohner Nordafrikas und Israels. Foto: D. Mahsberg

Toxine und Toxineffekte

Enzymatische Bestandteile spielen im Gift von Skorpionen kaum eine Rolle. Die eigentlichen Toxine sind basische Polypeptide, deren Aminosäuresequenz und räumliche Faltstruktur im Mittelpunkt zahlreicher Untersuchungen steht. Dank ihrer hohen Rezeptorspezifität sind diese Toxine in der Molekularbiologie inzwischen zu einem wichtigen Werkzeug avanciert, da sie selektiv an die Natrium- bzw. Kaliumkanäle erregbarer Membranen ankoppeln und diese öffnen (α-Toxine der Altweltskorpione), blockieren (ß-Toxine der Neuweltskorpione) bzw. beides veranlassen (γ-Toxin von *Tityus serrulatus*). Unterschiedliche Affinitäten der Skorpiontoxine für Rezeptorstellen in bestimmten Geweben oder auch bei verschiedenen Zielgruppen führen zu ganz verschiedenen Gifteffekten, weshalb man auch zwischen Insekten-, Krebs- und Säuger-Toxinen sowie Verteidigungstoxinen unterscheiden kann (s. z.B. GOYFFON & LANDON 1998). Diese Toxine können im Gift einer Art nebeneinander vorkommen. Im Nervenkostüm eines Opfers werden durch die Toxinwirkungen sowohl massive Aktivierungs- als auch Deaktivierungsprozesse ausgelöst, welche die Muskelspannung und die Funktion zahlreicher innerer Organe beeinflussen können.

Für die Symptomatik nach einem Skorpionstich ist neben direkten und synergistischen Toxineffekten vor allem auch die Freisetzung großer Mengen an Katecholaminen (Adrenalin, Noradrenalin) verantwortlich. Beim Menschen kann dies schwere autopharmakologische Reaktionen mit Herz-Kreislauf-Störungen und lebensbedrohlichen neurologischen Ausfällen hervorrufen, die im schlimmsten Fall zum Tod führen. Zum Glück kommen nur wenige Skorpionarten für einen solchen „GAU" in Frage. Die Giftigkeit von Skorpionen unterliegt auch innerartlicher geographischer Variabilität. Während der Stich des südfranzösischen Feldskorpions *Buthus occitanus occitanus* mit dem einer Wespe zu vergleichen ist, kann die nordafrikanische

Der Todesstoß - ***Buthus occitanus tunetanus*** sticht eine Larve von *Zophobas morio* zwischen die Rumpfsegmente.
Foto: D. Mahsberg

Unterart *B. occitanus tunetanus* starke Schmerzen und ausgeprägte Herz-Kreislaufkomplikationen verursachen.
Unabhängig von Beutespezifität oder toxikologischer Bedeutung werden Skorpiontoxine zunehmend wichtige Hilfsmittel für die Rekonstruktion der Stammesgeschichte dieser Spinnentiere. Die Aminosäuresequenzen der Toxinproteine lassen sich als Maß für die molekulare Evolution im inner- und zwischenartlichen Vergleich einsetzen.

Gift als Abwehrwaffe

Skorpione setzen ihr Gift nicht nur zum Töten von Beute ein, sondern stechen auch, um Angreifer oder Störenfriede abzuwehren. Solche Abwehrschläge mit dem Schwanz können blitzschnell und gezielt erfolgen, auch weit nach vorne über den Kopf des Skorpions; Buthiden sind dabei besonders treffsicher. Neben den eigentlichen Toxinen sind Schmerz erzeugende Giftkomponenten wie Serotonin für die Lekti-

Abb. 5 – Wie zielgenau schlagen Skorpione mit dem Giftstachel zu? 3 ***Androctonus australis***, deren Augen abgedeckt waren, wurden insgesamt 77 Mal mit einer in ihrer Nähe bewegten Attrappe „geärgert“ (Finger). Zuvor wurde jeweils der Reizwinkel R gemessen (Finger - Mitte Prosomavorderrand - Telson. + und -: rechts bzw. links der Körperlängsachse). R=0° bzw. ±180° : Attrappe direkt von vorne bzw. von hinten. Entsprechend wurde nach Videostandbildern der Schlagwinkel S bestimmt, wenn sich der Giftstachel der Attrappe maximal genähert hatte. Über ein Drittel der Abwehrschläge waren winkelgenaue „Volltreffer“!

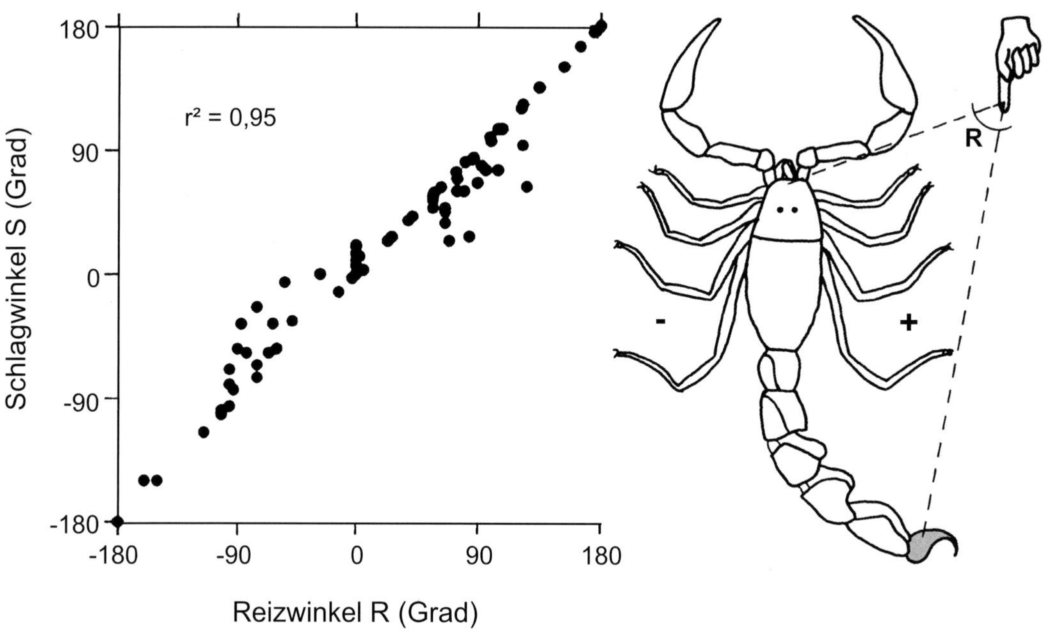

on verantwortlich, die dem Empfänger dieser „Unheilsbotschaft“ erteilt wurde. Der wird sich vermutlich hüten, einem Skorpion ein weiteres Mal zu nahe zu kommen. Die meisten Skorpionstiche sind nicht mehr als ein Nadelstich - falls der Stachel die Haut überhaupt durchdringt. Der Schmerz ist nach wenigen Minuten vergessen. Stiche können aber auch äußerst heftig wirken. Schmerzen halten dann viele Stunden an, strahlen von der Stichstelle aus und verschlechtern durch die Angst, die sie beim Gestochenen auslösen können, dessen Allgemeinzustand. Hier von „Schmerzgiften“ zu sprechen, ist durchaus angebracht. Besonders vorsichtig muss man daher mit Arten der Buthidengattungen *Androctonus, Centruroides*, *Parabuthus* und *Tityus* umgehen, die oft auch sehr stechfreudig sind. Eine oder besser zwei lange Pinzetten gehören für den Halter solcher Skorpione zur Standardausrüstung! Vorsicht ist auch bei den „Giftspritzern“ in der Skorpionwelt geboten. Das gezielte Wegschleudern von Gifttropfen in Richtung Angreifer ist

Dieser stechbereite südafrikanische ***Parabuthus*** spec. (Buthidae) hat an der Stachelspitze bereits Gift austreten lassen. Foto: D. Mahsberg

von *Hadrurus concolorus* und v.a. von südafrikanischen *Parabuthus*-Arten bekannt. Letztere überbrücken dadurch bis zu einen Meter Distanz, was für die Augen des Adressaten gefährlich ist und zu Hornhautschäden führen kann. *Parabuthus villosus* hilft der Erinnerung an seine schmerzhaften Fähigkeiten akustisch und olfaktorisch nach: sein milchiges Gift, das er stridulierend verspritzt, riecht nach Meerrettich und ist allergen (Mahsberg, persönl. Beob.).

Kannibalen, Hochzeiter und „Selbstmörder"

Skorpione sind vor ihren eigenen Waffen sicher, da sie gegen ihr Gift immun sind. Legros, Martin-Eauclaire & Cattaert (1998) zeigten für die starken Neurotoxine von *Androctonus australis* und *Tityus serrulatus*, dass selbst bei hohen Toxinkonzentrationen keinerlei negative Effekte auf die Ionenkanäle des Nervensystems und auf Muskelfasern von Skorpionen eintraten. Dennoch setzen kannibalistische Arten ihr Gift ein, um Artgenossen zu töten und Skorpionjäger, um andere Arten zu erlegen. Es ist nicht bekannt, warum gezielte Bauchmarkstiche von *Paruroctonus mesaensis* oder *Leiurus quinquestriatus* trotz Immunität ihrer Skorpionbeute so wirksam sind.

Unempfindlichkeit gegen arteigenes Gift erklärt dagegen die „folgenlosen" Stiche während des Paarungsvorspiels vieler Skorpione. Mit Waffeneinsatz hat dieses Verhalten nichts zu tun, sondern trägt offenbar zum Erfolg der Hochzeit bei. Auch vom viel zitierten „Selbstmord der Skorpione", den wahrscheinlich der deutsche Arzt und Naturforscher Paracelsus im 16. Jahrhundert erstmals erwähnte, kann keine Rede sein. Vom „charmeur de scorpions" mit einem Ring glühender Kohlen umgeben, schlägt der gestresste Skorpion wild mit dem Stachel um sich, wobei er sich manchmal auch selbst trifft. Den Garaus hat ihm dann aber nicht sein eigenes Gift gemacht, sondern ein Hitzschlag.

Woran erkennt man gefährlich giftige Skorpione?

„Die Großen sind harmlos, die Kleinen sind die Schlimmsten" stimmt so pauschal nicht, als es sehr giftige Skorpione mit über 10 cm Adultgröße wie *Androctonus* spp. und viele deutlich kleinere harmlose Arten wie *Euscorpius* spp. gibt. Andererseits fangen auch große gefährliche Arten einmal klein an. Auch helle Färbung ist nicht mit Gefährlichkeit korreliert; in allen Gattungen mit besonders giftigen Vertretern gibt es sowohl helle als auch dunkle bis schwarze Arten. Von der Größe und Farbe eines Skorpions lässt sich also nicht zweifelsfrei ableiten, ob sein Stich fatale Folgen mit sich bringen kann. Folgende Faustregel ist hilfreicher, wenn man ohne großen Bestimmungsaufwand einen Anhaltspunkt für die potentielle Gefährlichkeit von Skorpionen sucht: Skorpione mit schlanken Scherenhänden, die nicht oder nur unwesentlich breiter sind als der Rest des Pedipalpus, können unabhängig von Größe und Färbung Arten aus der Familie Buthidae sein, zu der die überwiegende Zahl der gefährlichen Skorpione gehört. Bei diesen Arten ist außerdem der „Schwanz" (Metasoma) etwa so dick oder dicker als die Scherenhand breit ist (z.B. bei den Dickschwanzskorpionen der Gattung *Androctonus*). Bei ungefährlichen Arten sind die breiten Scherenhände meist sehr viel mächtiger als das Metasoma - sie sehen fast wie „Boxhandschuhe" aus. Die beiden Pedipalpen eines Kaiserskorpions (*Pandinus imperator*) machen etwa ein Drittel seiner Gesamtmasse aus! Solche Arten verteidigen sich vorwiegend pedipalpenschlagend und scherenschnippend, da sie vom engen Höhleneingang aus den Stachel auch weniger effektiv einsetzen können. Bei der „Wahl der Waffen" entscheiden sich diese Skorpione aber nicht grundsätzlich gegen den Einsatz von „Chemie". So sind erwachsene Kaiserskorpione im Umgang mit dem Stachel sehr zurückhaltend, als Heranwachsende aber recht

Die im Verhältnis zum Metasoma besonders schmalen Pedipalpen weisen diesen ***Androctonus bicolor aeneas*** als gefährlich giftigen Skorpion aus. Foto: R. Lippe

stechfreudig. Sollte einmal der Skorpionhalter betroffen sein, hat er trotzdem nichts zu befürchten, da diese Stiche unter die „Bienenstichsymptomatik“ fallen.

Toxizität und Epidemiologie

Auf die zahlreichen Labordaten zur Giftigkeit von Skorpionen und auf die vielen Statistiken zu Todesfällen soll hier nicht näher eingegangen werden (hierzu siehe z.B. HABERMEHL 1994, SCHMIDT 1993). Toxizitäten werden meist als LD_{50}-Werte angegeben, der experimentell ermittelten medianen Letaldosis Gift je Gewichtseinheit Versuchstier (meist die Labormaus). Vergleicht man die Toxizitäten medizinisch bedeutsamer und unbedeutsamer Skorpionarten, ergeben sich Unterschiede zwischen dem 10- bis 10 000fachen (errechnet nach Angaben von SIMARD & WATT 1990).

Epidemiologische Erhebungen basieren in der Regel nur auf der Zahl ärztlich registrierter Patienten und vernachlässigen gerade die vermutlich für die Tropen und Subtropen hohe Dunkelziffer derer, die nach einem Stich komplikationsfrei blieben oder keine Gelegenheit zum Arztbesuch hatten. Fasst man die von SIMARD & WATT (1990) zusammengestellten Statistiken über weltweite Unfälle durch sieben Skorpionarten zusammen, so starben etwa 1 % von über 300 000 Gestochenen (zum gleichen Ergebnis gelangt man, wenn man die vermutlich weit überschätzten Angaben für Mexiko nicht berücksichtigt). Trotzdem lässt sich nicht verleugnen, dass die Toxine einiger Skorpione auf den vorderen Plätzen tierischer Giftwirksamkeit rangieren (MEBS 1992). Stiche solcher Arten können für Menschen lebensbedrohlich sein. Besonders gefährdet sind Kinder, zu deren Lasten ein Großteil der registrierten Todesfälle geht. Gesunde Erwachsene sterben dagegen selten an einem Skorpionstich.

Symptomatik und Therapie von Skorpionstichen

KLEBER, WAGNER, FELGENHAUER, KUNZE & ZILKER (1999) stellen in einer Übersicht zu Vergiftungen durch Skorpionstiche alle relevanten Gattungen bzw. Arten unter Angabe ihrer geographischen Verbreitung sowie mit Hinweisen auf besondere Vergiftungssymptome vor. Danach ergeben sich vier Gefahrenklassen aufsteigend schwerer Symptomatik (für Details zur medizinischen Behandlung siehe KLEBER, WAGNER, FELGENHAUER, KUNZE & ZILKER 1999):

1. Gattungen, deren Stiche nur leichte, kurz anhaltende Schmerzen und keine systemischen Wirkungen verursachen („Bienenstichsymptomatik"):
Diplocentrus (Diplocentridae); *Euscorpius* (Chactidae); *Hadogenes*, *Opisthacanthus* (Ischnuridae); *Heterometrus*, *Opisthophtalmus*, *Pandinus*, *Scorpio* (Scorpionidae). Hierzu gehören viele der von Terrarianern gehaltenen Arten. Empfohlene Therapie (wenn überhaupt nötig): äußerliche Wunddesinfektion; evtl. Auffrischung des Tetanus-Schutzes. Wegen seltener allergischer Reaktionen ist ärztliche Überwachung für vier bis sechs Stunden empfohlen.

2. Gattungen bzw. Arten, deren Stiche stark schmerzen, aber keine systemischen Wirkungen verursachen:
Buthus occitanus occitanus, *Compsobuthus*, *Lychas*, *Orthochirus*, *Mesobuthus gibbosus*, *Uroplectes* (Buthidae); *Hadrurus* (Iuridae); *Vaejovis* (Vaejovidae); *Urodacus* (Scorpionidae)
Empfohlene Therapie: siehe 1. Außerdem Schmerztherapie (Paracetamol bis Opiate; keine adrenergen Substanzen, da diese die Toxineffekte verstärken können); evtl. Antihistaminika.

3. Gattungen bzw. Arten, deren Stiche starke Schmerzen und kardiovaskuläre Symptomatik hervorrufen können.
Solche Vergiftungen kündigen sich oft durch Speichel- und Tränenfluss, starke Schleimabsonderung sowie Übelkeit an und können in rasenden, unregelmäßigen Puls, schwankenden Blutdruck, hohes Fieber bzw. Untertemperatur und weitere schwere Krankheitsbilder bis zum hypoglykämischen Schock überleiten.
Buthus spp., u.a. *B. occitanus tunetanus*, *Mesobuthus tamulus* (Buthidae); *Bothriurus* spec. (Bothriuridae)
Empfohlene Therapie: siehe 1. und 2. Außerdem längere klinische Beobachtung und Behandlung der Herz-Kreislaufsymptome. Atropin zurückhaltend einsetzen.

4. Stiche mit kardialer und zentralnervöser Symptomatik.
Neben lebensbedrohlichen Herz-Kreislauf-Symptomen können zentralnervös bedingte Krampfanfälle sowie periphere Lähmungen und Muskelzuckungen ausgelöst werden. Schwerwiegend sind Herzinfarktsymptome sowie Lungenödem; Gefahr von Atemstillstand.
Androctonus spp., *Buthacus arenicola*, *Centruroides* spp. (außer *C. vittatus*), *Hottentotta franzwerneri*, *H. judaicus*, *Leiurus quinquestriatus*, *Parabuthus* spp., *Tityus* spp. (Buthidae); *Hemiscorpius lepturus* (Scorpionidae; bisher einziger Skorpion mit gewebszerstörendem Gift, schwere Nekrosen und Hämolysen); *Nebo hierichonticus* (Diplocentridae; schwere Gerinnungsstörungen möglich).
Empfohlene Therapie: siehe 1. bis 3. Bei Lungenödem nach Blutdruckstabilisierung Intubation mit Beatmung. Antiserumgabe (i.v.) nur, wenn nach Stichen von *Tityus* spp. und *Centruroides* spp. zentralnervöse Symptome auftreten! Opfer von schweren Vergiftungen durch Skorpionstich sind in jedem Fall noch mindestens 12 bis 24 Stunden nach Abklingen der Symptome unter Beobachtung zu halten, da auf

Ein Buthide, der wie dieser libysche ***Buthus occitanus*** ssp. mit derart weit geöffneten Pedipalpen dasitzt, wird bei der geringsten Störung angreifen. Foto: K. E. Linsenmair

eine scheinbare Erholung ernste Rückfälle folgen können. Mancher Leser wird sich wundern, dass die Gabe von Antiseren hier nur in streng indizierten Ausnahmefällen bei Arten der neuweltlichen Gattungen *Tityus* und *Centruroides* empfohlen wird. MÜLLER (1993) rät auch bei Stichen des südafrikanischen *Parabuthus granulosus* zur Serumgabe, wenn systemische Vergiftungserscheinungen auftreten.

Zurückhaltung bei der Serumtherapie ist zum einen wegen des hohen Risikos schwerer allergischer Reaktionen geboten, da Skorpionantiseren überwiegend durch Immunisierung von Pferden gewonnen werden und deswegen oft unverträglich sind. Zum anderen scheint die positive Wirkung polyvalenter Seren bei Herz-Kreislauf-Symptomatik umstritten und einer medikamentösen Behandlung nicht überlegen zu sein (KLEBER, WAGNER, FELGENHAUER, KUNZE & ZILKER 1999). Antiseren sind keinesfalls „Allheilmittel", die man nur aus dem Kühlschrank zu holen und „einfach zu spritzen" braucht. Sie dürfen nur unter ärztlicher Kontrolle verabreicht werden, da sie sonst großen Schaden anrichten können. Die Folgen eines Serumschocks werden in den meisten Fällen viel schlimmer sein als der Skorpionstich. Eine Herstellerübersicht für Skorpionseren ist bei SIMARD & WATT (1990) auf Seite 441 zu finden.

Erste Hilfe nach Skorpionstich - und was man besser vorher tun sollte

Wie nach dem Biss von Giftschlangen ist auch bei Skorpionstichen eine besonnene Erste Hilfe äußerst wichtig, die dem Verletzten die Angst nimmt und ihn vor Schock bewahrt. Daher sind auch hier Erstmaßnahmen wie bei sonstigen Unfällen angebracht. Auch sollten sich alle Beteiligten die Tatsache vor Augen führen, dass ein Skorpionstich kein „Todesurteil" ist, sondern meist komplikationsfrei bleibt. Meist ist an der Einstichstelle kaum etwas zu sehen; auch Schwellungen treten selten auf. Außer externer Säuberung mit Alkohol sollte jegliche Manipulation an der Stichstelle wie Schneiden, Brennen, Aussaugen usw. unterbleiben. BRAUNWALDER & TSCHUDIN (1997) empfehlen als wirksame Therapie, die Stichstelle mit 45 °C warmem Wasser zu begießen, bis die Schmerzen verschwinden (Vorsicht vor Verbrühungen!). Betroffene Extremitäten sollten durch Schienung ruhig gestellt werden. Wer sich die „Schwanz-Scheren-Faustregel" zur Erkennung potentiell gefährlicher Skorpionarten gemerkt hat (siehe „Woran erkennt man gefährlich giftige Skorpione?"), wird leichter entscheiden können, ob Komplikationen zu erwarten sind und besser ein Arzt aufgesucht werden sollte oder ob der Stich vermutlich folgenlos bleiben wird. Wurde man in der Natur von einem Skorpion gestochen und konnte man den Täter nicht identifizieren (zumindest auf Familienniveau), sollte man weitere Maßnahmen auch von der geographischen Region abhängig machen, in der man sich befindet. Skorpionstiche v.a. in Nord- und Südafrika, den westlichen USA sowie in Mittel- und Südamerika könnten von hochgiftigen Arten stammen und medizinischer Betreuung bedürfen.

Wer von seinem „Haustier" gestochen wird, sollte daher auch unbedingt wissen, welche Art er eigentlich pflegt und wo sie ursprünglich beheimatet ist. Auf Händlerinformationen sollte man sich dabei keineswegs verlassen. Wenn sich ein harmloser „Thailändischer Waldskorpion" plötzlich als hochgiftiger *Mesobuthus tamulus* entpuppt, kann es im Unglücksfall fatal werden (s.a. SCHIEJOK 1998a). Für den Terrarianer heißt dies, seine Terrarien von Anfang an klar zu beschriften, wobei eindeutige Angaben wichtig sind. Deutsche Namen sind oft willkürlich gewählt und existieren für die meisten Arten nicht. Zur Beschriftung gehört der wissenschaftliche Art- bzw. Unterartname (oder wenigstens die Gattung), die Familie sowie der Hinweis auf den Fundort bzw. das natürliche Verbreitungsgebiet

der Art. Wenn man sich bei der Identifikation nicht sicher ist, sollte man lieber einen Fachmann fragen.
Weiter kann eine Angabe der relevanten „Stichgefahrenklasse“ nach KLEBER, WAGNER, FELGENHAUER, KUNZE & ZILKER (1999) im Ernstfall sehr hilfreich sein. Wer gefährliche Skorpione pflegt, sollte sowieso eine Kopie dieses Artikels bereithalten. Ein Hinweisschild, dem man natürlich weitere Daten zum Alter, Geschlecht usw. zufügen kann, könnte z.B. so aussehen:

Buthus occitanus tunetanus (Fam. Buthidae).
Adultes Weibchen. Gefangen am 15.10.1992 bei Gafsa/Südtunesien.
Vorsicht! Stiche können starke Schmerzen und kardiovaskuläre Symptomatik hervorrufen!
Hausarzt bzw. nächstes Krankenhaus: ....
Giftnotrufzentrale München: Tel. 089/19240

Andererseits kann durch eine Beschriftung Panik verhindert werden, weshalb man auch die Terrarien harmloser Arten mit einer Information versehen sollte, z.B.:

Kaiserskorpion (*Pandinus imperator*), Fam. Scorpionidae. WA II.
1 adultes Weibchen (gekauft Nov. 93), 8 Jungtiere (Nachzucht vom 5.1.96). Tiere angemeldet beim Landratsamt Würzburg.
Ursprungsland: Togo/Westafrika
Stiche verursachen nur leichte, kurz anhaltende Schmerzen und keine systemischen Wirkungen („Bienenstichsymptomatik“).

Eine Offenlegung der potentiellen Gefahren, die Stiche von Skorpionen verursachen können, hat nichts mit „Gifttierprahlerei“ zu tun, sollte andererseits aber auch nicht dazu führen, dass man die Haltung und Pflege solcher Tiere prinzipiell ablehnt oder verbietet. Vergleicht man das Gefahrenpotential von Skorpionen mit dem von Autos, müssten unsere Straßen sonst schon alle Fußgängerzonen sein...
Folgende Notruf-Adresse für Giftunfälle sollten alle Halter von giftigen Tieren bereithalten:

Giftnotrufzentrale der Toxikologischen Abteilung

Medizinische Klinik II der TU München
Klinikum Rechts der Isar
Ismaninger Straße 22

Giftnotruf Tel. 089/19240

Internet: www.toxinfo.org

Skorpione im Terrarium

Während es z.B. ein ministerielles Gutachten über die „Mindestanforderungen an die Haltung von Reptilien" gibt (Sonderausgabe bei der DGHT erhältlich), fehlen solche Empfehlungen für Wirbellose und lassen der Forderung nach „artgerechter Haltung" einen großen Spielraum. „Wer ein Tier hält, betreut oder zu betreuen hat, muss" nach §2 des Tierschutzgesetzes (TierSchG) dieses „seiner Art und seinen Bedürfnissen entsprechend angemessen ernähren, pflegen und verhaltensgerecht unterbringen". Er „darf die Möglichkeit des Tieres zu artgemäßer Bewegung nicht so einschränken, dass ihm Schmerzen oder vermeidbare Leiden oder Schäden zugefügt werden." Erstmals wurde in der Neufassung des TierSchG vom 1.6.1998 eine Tierhalternorm eingefügt, nach der ein Halter „über die für eine angemessene Ernährung, Pflege und verhaltensgerechte Unterbringung des Tieres erforderlichen Kenntnisse und Fähigkeiten verfügen" muss. Obwohl die meisten Bestimmungen des TierSchG Wirbeltiere betreffen, kann allgemein nach §13 „das Halten von Tieren wildlebender Arten ... von einer Genehmigung abhängig" gemacht werden, wobei die Anforderungen von §2 erfüllt sein müssen (s.a. „Skorpione im Paragraphendschungel"). LÖSER (1991) zitiert in seiner Anleitung zur Haltung und Zucht exotischer Arthropoden den „Klassiker" zur Insektenzucht von WYNIGER (1974). Er fügt dessen Forderungen nach regelmäßiger Fütterung, Reinhaltung und Kontrolle die Zucht als vornehmliches Ziel bei der Haltung tropischer Gliederfüßer an.

Ob es einem Skorpion gut geht, lässt sich nur indirekt feststellen. Wenn ein Tier dauernd an den Behälterseiten entlangläuft und sich in den Ecken auf dem Schwanz hochstellt, ist die Unterkunft vielleicht zu klein, das Mikroklima „passt nicht" und/oder es fehlt am geeigneten Versteck. Andererseits sind Beutefang und Fortpflanzungsaktivität oder die Geburt nachgezüchteten Nachwuchses gute Indizien für eine richtige und artgerechte Unterbringung eines wirbellosen Tieres.

Skorpione haben sich in der Natur vielen verschiedenen Lebensbedingungen angepasst. Die Ausbreitungsfreudigkeit mancher Arten zeigt auch, dass sie flexibel auf neue Verhältnisse reagieren können. Wo karge Bedingungen andere Tiere längst umgebracht hätten, werden viele Skorpione noch gut überleben können. Dies heißt aber nicht, dass man bei der Pflege von Skorpionen ihre Bedürfnisse ignorieren kann und darauf hoffen darf, dass sie schon „irgendwie durchkommen" werden. Terrarien werden immer nur angenähert naturnahe Bedingungen bieten können. Andererseits ist es für eine artgerechte Haltung auch nicht nötig (und möglich), die Natur „komplett" ins Haus zu holen. Es mag dem Halter zwar gut gefallen, wenn sein Pflegling im Wohnzimmer in einer nachmodellierten Wüstenlandschaft oder in einem Urwaldversteck sitzt – Sahara oder Amazonasdschungel sind es trotzdem nicht. Terrarien können nur bestimmte Ausschnitte der abiotischen und biotischen Umwelt einer Art wiedergeben. Der in der Natur so prägende Einfluss von Räubern und Parasiten wird im künstlichen Milieu sogar bewusst ausgeschaltet. Berücksichtigt man die Ansprüche von Skorpionen an ein geeignetes Versteck sowie an das Mikroklima, sind viele Arten auch in optisch weniger perfekt gestalteten Terrarien gut und lange zu pflegen und auch zu züchten. Zur Anschaffung und Pflege von Skorpionen s.a. SCHIEJOK (1998b).

Geeignete Terrarien

Wegen ihrer Sesshaftigkeit lassen sich viele Skorpionarten auch in kleineren Behältern artgerecht halten. Im Gegenteil: zu große Terrarien mit unübersichtlicher Einrichtung erschweren die Kontrolle und können auch Gefahren mit sich bringen, wenn der Pfleger bei der Suche nach seinem Pflegling erst größere „Landschaftsbewegungen" vollbringen muss.

Viele der einzelgängerischen Arten, die man außerhalb der Fortpflanzungszeit getrennt halten muss, lassen sich in den im Zoofachhandel erhältlichen Kleinterrarien aus Kunststoff oder Glas halten, beide natürlich mit Deckel. Sehr kleine Arten oder Jungtiere kann man auch in „Grillenschachteln" und in den im Haushalt gebräuchlichen Plastikdosen unterbringen, wo sie auch leichter ans Futter kommen. Kleinterrarien müssen aber oft kontrolliert werden, da sie mikroklimatisch instabil sind und z.B. leicht austrocknen.

Geklebte Aquarien sind für die Skorpionhaltung gut geeignet, in vielen Größen verfügbar und leicht zu modifizieren. Man kann in einem großen Becken durch eingeklebte Glas- bzw. Gazewände mehreren Skorpionen Einzelbehausungen schaffen, die von einer gemeinsamen Heizung und Beleuchtung versorgt werden. Trotz der für Skorpione unerklimmbar glatten Glaswände müssen auch Glasterrarien geschlossen sein, da selbst die schweren Kaiserskorpione es immer wieder schaffen, an Rauigkeiten der Silikon-Klebenähte hochzuklettern! Handelt es sich bei einem ausgebrochenen Skorpion um eine hygrophile Art, kann man ihn u.U. durch leicht feuchte Putzlumpen „ködern", die man im Raum verteilt. Am besten lässt man es aber nicht zu solchen Spaziergängen kommen!

Vor der Anschaffung eines Skorpions sollte man sich über folgende Punkte Klarheit verschaffen, um die Behältermaße richtig zu wählen.

1. Die Größe der Tiere. Welche Art möchte ich pflegen und wie groß wird sie? Für einen einzelnen großen Kaiserskorpion sollte man mindestens die einem DIN-A3-Blatt entsprechende Grundfläche einplanen. Behälter für grabende Bodenbewohner sollten so hoch sein, dass man noch genug Bodenschicht zum Eingraben unterbringen kann. Skorpione, die sich in einem Behältereck auf dem Schwanz abstützen, können mit den Scheren u.U. den Deckel erreichen und aufdrücken. Dann war der Behälter zu niedrig gewählt.

2. „Temperament" und Lebensweise. Grabende Ansitzjäger benötigen weniger Fläche als die aktiveren „Rindenskorpione", die nachts auf Beutefang umherstreifen. Skorpione, die gerne klettern und sich auch auf Bäumen verstecken (viele Buthiden), sind in einem höheren Terrarium besser untergebracht. Beim Öffnen des Deckels muss man immer damit rechnen, dass solche Arten auch an der Gaze sitzen und so schnell entweichen können.

3. Die Bewohnerzahl. Wegen kannibalistischer Neigungen wird man die meisten Skorpione besser einzeln halten und nur zur Verpaarung zusammensetzen. Entschließt man sich zu einer Vergesellschaftung, muss das Terrarium deutlich größer gewählt werden, da jedes Tier genügend Ausweich- und Versteckplatz benötigt (LIPPE 1998). Füttert man dann noch ausreichend, kann man auch Gruppen von vier bis fünf Tieren auf 30×30 oder 30×50 cm Grundfläche halten. Zu starke Größenunterschiede zwischen den Insassen sollte man trotzdem vermeiden, da kleinere Tiere als Beute prädestiniert sind. Subsoziale Arten wie *Pandinus imperator* kann man dagegen Monate, ja Jahre in Mutter-Kind-Gruppen pflegen, wobei man einer Familie (ohne Vater, den man besser entfernt) ein Terrarium von mindestens 80×40×40 cm zur Verfügung stellen sollte. Aber auch bei so „friedlichen" Arten kann es zu ernsthaften Auseinandersetzungen kommen, wenn fremde, unbekannte Individuen zugesetzt werden.

Skorpionterrarien sollten von oben zu öffnen sein. Durch die für große Vogelspinnen gut geeigneten Glasbehälter mit seitlichen Schiebescheiben können kleinere Skorpione entkommen. Auf eine nachträglich eingeklebte Dichtung verlasse man sich nicht!

Deckel müssen fest aufsitzen und dürfen nicht durch Gegenstoßen herunterfallen. Am besten bespannt man Deckel mit nicht rostender Metall-Fliegengaze, die auf einen stabilen Holzrahmen aufgetackert wird. Kunststoff-Gaze wird mit der Zeit „mürbe" und bricht und ist z.B. für große Grillen keineswegs unüberwindlich, da sie diese durchbeißen können. Bei gefährlich giftigen Skorpionen muss das Terrarium abschließbar sein. Wenn dies nicht machbar ist, muss der Raum für Unbefugte unzugänglich bleiben. Den Türschlüssel dann aber nicht stekken lassen, besonders wenn Kinder im Haus sind!

Terrarien sollten wenigstens zwei Lüftungsflächen besitzen. Durch ein Lüftungsgitter unten an der Vorderseite wird Kondenswasserbildung an der Frontscheibe verhindert. Dies ist besonders bei Feucht- und Regenwaldterrarien wichtig, deren Sichtscheiben sonst leicht beschlagen. Lüftungsflächen kann man aber auch seitlich oder in der Rückwand anbringen. Im Deckel sollte sich immer eine Gazeöffnung befinden, welche die Luftzirkulation gewährleistet und gefährliche „Stickluft" erst gar nicht entstehen lässt. Durch die Größe von Lüftungsflächen, die man z.B. durch eingebaute Schieber flexibel gestalten kann, lässt sich die relative Luftfeuchtigkeit in einem Skorpionterrarium beeinflussen. Bei „Wüstenarten" wird man für schnelle Abtrocknung und bei „Waldarten" für ein länger feuchtes Milieu sorgen.

Substrat und Inneneinrichtung

Behälter für nicht-grabende Arten beschickt man mit einer ausreichend hohen Substratschicht (z.B. 2 bis 5 cm Sand). Für die meisten aus Wüsten und Trockengebieten stammenden Skorpione eignet sich mittelgrober, nicht scharfkantiger Sand, der ausgewaschen (entstaubt) sein muss. Setzt man dem Sand etwas lehmigen oder tonigen Boden bei und hält das Substrat leicht feucht, stürzen selbstgegrabene Verstecke nicht so leicht ein. Der feuchte Boden darf den Skorpionen aber nicht die Füße verkleben. Ungeeignet ist Vogelsand und feiner Quarzsand. Sandspezialisten benötigen staubfreien Feinsand, z.B. Dünensand von der Meeresküste.

Für Bewohner tropischer Wälder bedeckt man das Bodenmaterial je zur Hälfte mit trockenem Laub und Moos oder mischt beides darunter. Einen Feuchtigkeitsgradienten kann man dadurch aufbauen, dass man durch einen auf dem Terrarienboden aufgeklebten Glasstreifen ein Feucht- von einem Trockenabteil abtrennt. Zusätzlich gibt man als Verstecke einige flache Tonschalen oder leichte Steinplatten ins Terrarium.

Zur Pflege von Arten, die sich Wohnhöhlen graben, muss eine ausreichend tiefe Bodenschicht eingebracht werden (z.B. 10 cm und mehr je nach Art und Größe der Tiere). Bei Tropenskorpionen eignet sich unbehandelte Gartenerde, der man Sand untermischt und die man mit etwas Laub abdeckt. Auch dieses Substrat kann man durch Lehmbeigabe stabilisieren. Als alleiniger Bodengrund schlecht geeignet ist Torf, der leicht austrocknet, staubt und sowieso besser im Moor bleiben sollte. Grabende Skorpione können in kurzer Zeit ein Terrarium völlig „umbauen", was man akzeptieren muss.

Bei der Gestaltung der Seitenwände richtet man sich nach dem Lebensraum der Tiere. So kann man Rückwand und Seitenwände in Terrarien für Baumbewohner mit Kork bekleben. Kork hat den prinzipiellen Vorteil, dass er auch im feuchten Milieu nicht schimmelt. Bei der Auswahl des Korks bieten sich verschiedene Alternativen an. Sehr schön, aber auch entsprechend teuer sind die plangepressten, ansonsten naturbelassenen Korkeichenrindenstücke, die es in verschiedenen Größen zu kaufen gibt. Wesentlich billiger sind die hellen, etwa drei Millimeter starken Korktapeten. Ebenfalls gut geeignet ist dunkler Dachdeckerkork, der in verschiedenen Stärken von ein bis fünf Zentimetern erhältlich ist und aus dem man leicht eine „Landschaft" formen

Regenwaldterrarium Foto: R. Lippe

kann. Beim Kauf muss man unbedingt darauf achten, dass man den gepressten und nicht den giftigen geklebten Kork erhält.
Für Felsbewohner lassen sich Rückwand und Seitenscheiben mit dünnen Natursteinplatten verkleiden. Man kann die Scheiben aber auch mit eingefärbtem „Moltofill“ (für Außenanwendung) bestreichen und vor dem Aushärten mit Sand oder kleinen Steinchen bestreuen.
Da sich Skorpione gerne in enge Ritzen zwängen und viele Arten kräftig graben können, müssen alle Aufbauten einsturzsicher konstruiert sein.
Als Verstecke sind flache Steinplatten geeignet, die man auch übereinander stapeln kann, außerdem halbierte Tontöpfe, Ziegelscherben, Zierkorkröhren, die Hohlräume dicker Bambushölzer, die man anbohrt, Holzstücke mit abstehender Rinde und Hohlräumen usw. Wenn man merkt, dass die Tiere die angebotenen Verstecke nicht annehmen und immer unruhig im Terrarium umherlaufen, oder dass nachtaktive Arten am Tag stets frei im Behälter sitzen, sollte man ihnen andere Versteckmöglichkeiten anbieten.
Immer vorhanden sein muss eine gefüllte Wasserschale, auch in einem Wüstenterrarium. Flache Petrischalen oder nicht rostende Verschlussdeckel sind besser als steile, glattwandige Gefäße, in denen kleinere Skorpione ertrinken können.
Pflanzen kann man im Skorpionterrarium durchaus unterbringen, nur werden die Lichtverhältnisse einem Pflanzenwachstum meist nicht förderlich sein. Für das Wohl von Skorpionen sind Pflanzen jedenfalls nicht nötig, es sei denn, man pflegt Bromelienbewohner.
Gute Ideen zur Einrichtung von Skorpionterrarien liefert auch die Literatur zur Vogelspinnenhaltung (z.B. VON WIRTH 1996).

Temperatur und Luftfeuchtigkeit

Für manche Menschen ist „Skorpion“ gleichbedeutend mit „Wüstentier“. Tatsächlich leben viele Skorpione in semiariden und ariden Gebieten und sind an die harten Bedingungen dieser Lebensräume gut angepasst. Es wäre jedoch völlig falsch, selbst solche Arten auf Dauer in einem hochgeheizten Sandkasten halten zu wollen. Sie würden dies zwar länger durchstehen als empfindlichere Arten, ihren verfrühten Tod würde es aber trotzdem bedeuten. Zu warme Haltung dürfte eine der häufigsten Todesursachen von Skorpionen im Terrarium sein. Behälter sollten auch möglichst so aufgestellt werden, dass der geeignete Temperaturbereich auch kurzzeitig nicht ungewollt über- bzw. unterschritten wird. Dies kann leicht geschehen und fatal enden, wenn die Sonne auf ein Terrarium wandert oder wenn man im frostkalten Winter vergisst, ein Fenster zu schließen.
Extremen Oberflächentemperaturen (große Hitze, Frost) weichen Skorpione in der Natur normalerweise aus, indem sie sich in ihr Versteck zurückziehen. Durch Auf- bzw. Absteigen im Höhlengang können sie sich den optimalen Temperaturbereich heraussuchen. Von nur wenigen Arten sind experimentell ermittelte Vorzugstemperaturen bekannt. Sie bewegen sich zwischen 22 bis 26 °C bei *Hottentotta judaicus*, *Leiurus quinquestriatus*, *Nebo hierichonticus* und *Scorpio maurus*, liegen nach anderen Un-

tersuchungen bei *Heterometrus petersii* und *Opisthophtalmus latimanus* mit 32 bis 38 °C aber deutlich höher (WARBURG & POLIS 1990). Vorzugstemperaturen sind vom physiologischen Zustand eines Tieres abhängig, von Alter, Jahreszeit, Ernährungsstatus usw., weshalb solche Angaben kein Rezept für die richtige Haltungstemperatur sind. Im Terrarium bietet man Skorpionen am besten einen Temperaturgradienten an, der die Vorzugstemperatur einschließt. Verteilt man in dieser variablen Mini-Umwelt einige geeignete Verstecke, kann sich das Tier seinen Sitzplatz selbst wählen.

Es ist in jedem Fall wichtig, Temperaturen im Skorpionterrarium dort zu messen, wo sich die Tiere auch aufhalten. Wenn es in 10 cm Höhe an der Glasscheibe 30 °C hat, können unter einem Stein schon gefährliche 40 °C herrschen, wenn eine Bodenheizung verwendet wird. Zwischen noch tolerierter und letaler Temperatur ist bei allen Skorpionen nur ein schmaler Übergang.

Die einfachste Art, ein Skorpionterrarium auf die „richtige" Temperatur zu bringen, ist seine Aufstellung in einem klimatisierten Raum (Klimakammer, Gewächshaus, Wintergarten usw.). Kleinflächige stärkere Erwärmung z.B. eines Versteckplatzes kann man leicht durch einen Spotstrahler erzielen. Unter solchen Haltungsbedingungen umgeht man die Probleme, die Terrarienheizungen gerade in kleinen Behältern mit sich bringen können. Innenverspiegelte Lampen mit konzentriertem Lichtkegel geben neben Licht auch oft viel Strahlungswärme ab. Für nicht-grabende Arten in flachgründigen Terrarien können solche Lampen als Heizung durchaus genügen. In großen Terrarien und bei tiefem Substrat kann man auch IR-Strahler (Elstein) einsetzen. Vorsicht geboten ist beim Einsatz von Bodenheizungen. Selbst leistungsschwache Heizkabel, im Bodengrund eingegraben, können kleinräumig hohe Temperaturen erzeugen.

Besser geeignet sind unter dem Terrarium liegende Heizmatten, wobei man eine ganzflächige Beheizung vermeiden sollte. Heizmatten gibt es in verschiedenen Wattstärken und Maßen. Für Kleinterrarien sind 5 bis 15 Watt normalerweise ausreichend; letztlich kommt man um das Ausprobieren nicht herum, da die beim Tier ankommende Wärmemenge von Wandstärke und -material, vom Substrat und der Außentemperatur abhängt.

Da Skorpione bei zu großer Wärme instinktiv nach unten flüchten und sich unter ein Versteck zurückziehen oder eingraben, können Bodenheizungen auch zur tödlichen Hitzefalle werden. Empfehlenswert ist daher, die Matte(n) nicht unter dem Behälter anzubringen, sondern sie an einer oder mehreren Seitenwänden hoch zu ziehen, was sich auch bei der Vogelspinnenhaltung bewährt hat (VON WIRTH 1996). Ein Probelauf des Terrariums über einige Tage ohne Bewohner ist immer empfehlenswert.

Heizquellen sollte man nie ohne Regelung betreiben, wobei der Temperaturfühler unter einem Versteck angebracht und gegen Ausgraben, Verschieben usw. gesichert sein muss. Den früher üblichen Bimetallreglern sind elektronische Geräte wegen ihrer größeren Schaltgenauigkeit und geringeren Hysterese überlegen. Außerdem können keine Kontakte „verkleben", was leicht zu Überhitzung führt. Regler mit fester oder einstellbarer Nachtabsenkung, die über eine Photozelle geschaltet wird, sind für alle Skorpione empfehlenswert, wobei eine Absenkung um 5 °C ausreicht. Wärmer als 35 °C – und das auch nicht überall im Terrarium und keinesfalls permanent! – sollte man auch Skorpione aus subtropischen Wüsten nicht halten, um ihnen Wärmestress zu ersparen. In diesen Regionen herrscht wie in den höheren Breiten Jahreszeitenklima, mit heißem Sommer und deutlich kühlerem Winter.

Tropische Arten wie *Pandinus imperator* leben unter dem Einfluss eines Tageszeitenklimas: die absoluten Temperaturschwankungen im Tagesverlauf sind viel größer als die Schwankungen der Monatsmittel über das Jahr. In der Guinea-

Savanne im Nordosten der Elfenbeinküste liegt die durchschnittliche Jahrestemperatur bei 25 bis 28 °C, wobei sich die Tagesextremwerte in der Trockenzeit (November bis März) zwischen 8 und 42 °C und in der Regenzeit (April bis Oktober) zwischen 20 und 35 °C bewegen (unveröffentl. Klimadaten, Forschungsstation Universität Würzburg). Trotzdem lebt *Pandinus imperator* dort in einer mikroklimatisch recht konstanten Umwelt, da seine Höhle Temperaturextreme dämpft. Im voll besonnten Eingangsbereich einer bewohnten *Pandinus*-Höhle in der Savanne traten z.B. von Ende April bis Ende Mai, zu Beginn der Regenzeit, tagsüber Spitzentemperaturen von bis zu 42 °C und Nachtminima bis 21 °C auf. Die Tagesamplituden der Temperatur betrugen je nach Bewölkung und Niederschlag zwischen fünf und 15 °C. Die mittlere Temperatur über diesen Zeitraum lag bei 29,9 ± 4,15 °C (30 Tage, acht Minuten Messintervall). Zur gleichen Zeit im schattigeren Galeriewald lagen Minimum und Maximum bei etwa 20 bzw. 30 °C; die mittlere Lufttemperatur dort betrug 26,0 ± 3,08 °C (48-Stunden-Messungen mit zehn Minuten Messintervall). Die Temperaturen, die in verschiedenen *Pandinus*-Höhlen fünf bis 20 cm tief im Gang gemessen wurden, bewegten sich ziemlich konstant zwischen 25 und knapp 30 °C. Entsprechende Temperaturen haben sich bei der jahrelangen Haltung und Zucht von Kaiserskorpionen gut bewährt und können als Anhaltspunkt für die Haltungsbedingungen anderer tropischer Arten herangezogen werden. In Lebensräumen mit Jahreszeitenklima kann es im Winter sehr kalt werden, was die Aktivität von wechselwarmen Tieren stark einschränkt. In klaren Nächten in der Sahara oder Namib, in denen die Temperaturen in den Frostbereich fallen können, wird man keinen aktiven Skorpion finden. Einige Skorpionarten – z.B. die meisten

Abb. 6 – Lufttemperatur am Eingang einer Höhle von ***Pandinus imperator*** im Comoé-Nationalpark/Elfenbeinküste zu Beginn der Regenzeit. Schraffiert ist der Temperaturbereich im inneren der Höhle, wo sich der Skorpion tagsüber meist aufhält. Messintervall 8 Sekunden, Messdauer 1 Monat.

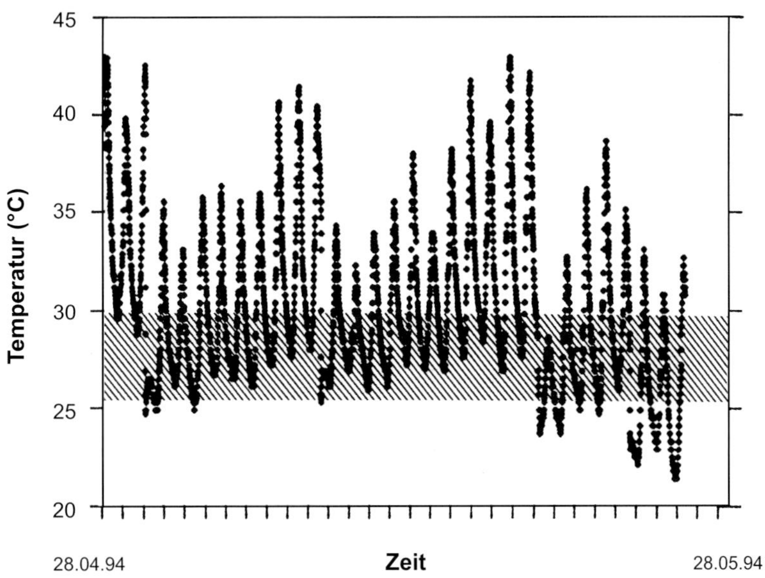

europäischen, aber auch einige Arten aus dem Norden der USA, dem Süden Kanadas sowie aus Südargentinien und Chile – überwintern in frostsicheren Verstecken. Allen Pfleglingen aus solchen Regionen sollte man für einige Wochen oder Monate eine Winterruhe bei deutlich abgesenkten Temperaturen gönnen (5 bis 10 °C). Ideal sind z.B. kalte Nebenräume oder Garagen, wenn sie frostfrei bleiben (man kann z.B. einen elektrischen „Frostwächter" installieren, der beim Unterschreiten von 5 °C eine Heizung einschaltet). Bei Wüstenskorpionen sollte man während der Winterphase zumindest die Terrarienheizung abstellen und die Tiere bei niedriger Zimmertemperatur halten. Eine kühle Phase bei abgesenktem Stoffwechsel verlängert nicht nur die physiologische Lebensdauer der Tiere, sondern kann auch ein wichtiger Auslöser für die Fortpflanzungsaktivität sein.
Während der Überwinterung fressen Skorpione nicht. Man sollte auch nicht „zur Sicherheit" eine Grille oder andere lebende Insekten ins Winterquartier setzen, da sich die Beute an den trägen Skorpionen vergreifen könnte. Auch trinken werden überwinternde Skorpione normalerweise nicht, weshalb eine Wasserschale in dieser Zeit eigentlich entbehrlich ist. Besser ist, die Behälter regelmäßig zu kontrollieren und gegebenenfalls leicht zu befeuchten, da die Tiere vor Austrocknung bewahrt werden müssen. Wenn ein klammer Skorpion dann doch einen Wassertropfen von der Schere zu saugen beginnt, sollte man ihm lieber individuell zu trinken geben, z.B. über eine Pipette.
Während die Temperatur in einem Terrarium dank moderner Elektronik heute leicht zu kontrollieren ist, lässt sich die relative Luftfeuchtigkeit nur „über den Daumen peilen". Terrarienempfehlungen wie „Luftfeuchte 90-95 %" sind insofern illusorisch, als sich genaue Messungen in diesem Feuchtebereich mit vertretbarem finanziellem Aufwand nicht erzielen lassen. Die herkömmlichen Hygrometer (mechanisch oder elektronisch) versprechen hier jedenfalls mehr als sie halten können. Außerdem sind derart genaue Feuchtemessungen auch überflüssig. An beschatteten Standorten herrscht auf der Bodenoberfläche der Feuchttropen das ganze Jahr über eine mittlere Luftfeuchtigkeit von etwa 90 %. Auch in der Trockenzeit der saisonalen Tropen wird es im geschützten Bodenversteck kaum weniger werden. Wer im Terrarium mit grabenden tropischen Arten den Boden nicht von unten her mit einer Bodenheizung austrocknet, sondern das Substrat milde erwärmt und leicht feucht hält, wird sich im für seine Tiere geeigneten Luftfeuchtebereich bewegen, egal, was das Hygrometer anzeigt. Gelegentliches Besprühen des Behälters schadet nicht und ist z.B. vor einer Häutung sogar wichtig. Der „schwülheiße Dschungel" im Terrarium sollte aber nicht zum Dauerzustand werden. Es sei daran erinnert, dass eine Dauerfeuchte von über 80 % das Wachstum von Schimmelpilzen fördert, deren Sporen leicht Allergien auslösen.
Besonders bei Skorpionen arider Lebensräume ist zu feuchte Dauerhaltung gerade auch wegen der Gefahr von Pilzinfektionen gefährlich. Die Tiere müssen immer die Möglichkeit zum Rückzug auf trockene Stellen haben. Wasserverluste können solche Arten durch Trinken bzw. über die Beute ausgleichen.
Wer Skorpione pflegt, sollte die klimatischen Bedingungen ihrer Lebensräume kennen und diese bei der Simulierung von Jahreszeiten einbeziehen. Über die speziellen ökologischen, klimatischen und z.T. auch mikroklimatischen Verhältnisse der Tropen und Subtropen informieren z.B. SCHULTZ (1995) oder WALTER & BRECKLE (1984).

Skorpione im rechten Licht betrachtet

Als ausgesprochen lichtscheue Gesellen könnte man Skorpione theoretisch den ganzen Tag lang ohne Beleuchtung halten. Da in der Natur Aktivitäts- und Ruhephasen an den natürlichen Lichtrhythmus angekoppelt sind, sollte man dies aber besser nicht tun. Als Zeitgeber hat eine Beleuchtung also durchaus Sinn, auch wenn der Skorpion scheinbar nichts damit „anfängt". An die Lichtqualität stellen Skorpione dagegen keine besonderen Ansprüche. Normale Glühlampenbeleuchtung oder Leuchtstoffröhren reichen aus. Quecksilberdampflampen mit erhöhtem UV-Anteil, wie sie bei der Reptilienpflege eingesetzt werden, sind überflüssig, zumal sich Skorpione solchen Lichtquellen mit Sicherheit entziehen werden. Die Beleuchtungsdauer sollte man am Lichtwechsel im natürlichen Lebensraum der Tiere orientieren. In den Tropen beträgt die Tageslänge das ganze Jahr über etwa 12 Stunden und in den nördlichsten und südlichsten Verbreitungsgebieten von Skorpionen im Sommer- bzw. Winterhalbjahr etwa 14 bis 16 Stunden.

Wie kann man Skorpione trotz ihrer nächtlichen Lebensweise dennoch gut beobachten? Drei Möglichkeiten bieten sich an.

1. Man drosselt nachts die Helligkeit einer weißen Glühlampe mit einem handelsüblichen Dimmer so, dass man gerade noch gut sehen kann, die Tiere aber nicht ihr Versteck aufsuchen.
2. Im „Rotlichtmilieu" fühlen sich Skorpione ungestört, da sie wie Insekten rotblind sind. Man kann z.B. rote Fotolaborlampen verwenden (auch hier kann Dimmen angebracht sein, was zudem die Lebensdauer der Lampen verlängert). Bei einer Rotlichthelligkeit von 20 bis 80 lux (gemessen auf Ebene des Skorpions) zeigten Buthiden in Verhaltensversuchen normale Aktivität.
3. Durch Einsatz einer „Schwarzlichtlampe" kann man die fluoreszierende Eigenschaft der Skorpioncuticula ausnutzen, die bei Anregung durch langwelliges UV-Licht (366 nm) die Tiere gelb-grün aufleuchten lässt. Auch bei völliger Dunkelheit heben sich selbst schwarze Skorpione auf dunklem Untergrund kontrastreich ab. Geeignet sind kleine 8 Watt-Röhren (z.B. Silvania F8T5/BLB), die man allerdings nicht näher als etwa 30 cm über den Tieren anbringen sollte. Noch schwächere UV-Röhren, meist schon im batteriebetriebenen Gehäuse, bekommt man z.B. beim Briefmarkensammlerbedarf. Schwarzlichtlampen darf man nicht die ganze Nacht einschalten, da sie die Skorpione dann doch stören. In das intensiv blaue Licht sollte man nicht direkt schauen.

Elektrische Sicherheit

Da es die ideale Skorpionbehausung nicht zu kaufen gibt, wird der Terrarianer immer auf sein eigenes Bastelgeschick angewiesen sein bzw. käufliche Kleinterrarien modifizieren müssen. Allerdings wird ein Terrarium für Skorpione viel weniger aufwendig sein als z.B. eines für Chamäleons. Trotzdem sei hier ein wichtiges Wort zum Thema elektrischer Sicherheit gesagt. Feuchtigkeit und Strom sind strikt voneinander zu trennen bzw. machen die Verwendung für Feuchträume zugelassenen Installationsmaterials notwendig. Verbannen Sie Strom führende Teile am besten ganz aus dem Terrarium. Benutzen Sie nur elektrische Geräte, die das VDE-, GS- oder TÜV-Prüfzeichen tragen, und verändern Sie solche Geräte nicht selbständig, da dies zum Versicherungsverlust führt und den Hersteller seiner Gewährleistungspflicht entbindet. Hitzestau durch unsachgemäß verlegte Heizungen kann nicht nur die Tiere umbringen, sondern auch zu Bränden führen, vor allem, wenn die Heizung ungeregelt betrieben wurde oder wenn mechanische Bimetallregler verwendet wurden. Vermeiden Sie „Kabelsalat" und überprüfen Sie Stecker und Steckdosen gelegentlich auf Korrosionsschäden, weil dadurch Kurzschlüsse verursacht werden können. Futtertiere wie Schaben oder Grillen können elektrische Leitungen, Temperaturfühler oder Heizkabel und –matten annagen, weshalb man auch aus diesem Grund keine „Vorratsfütterung" betreiben sollte. Ausführliche Hinweise zu Fragen rund um das Terrarium finden sich z.B. in HENKEL & SCHMIDT (1997).

Geschlechtsunterschiede und Zucht

Alle Skorpione sind getrenntgeschlechtlich. Zur externen Geschlechtsbestimmung kann man am achten Körpersegment (vor dem Kammansatz) die Genitalplatte (Operculum genitale) untersuchen, unter der die Geschlechtsöffnung liegt. Diese Platte besteht aus zwei Hälften, die bei Weibchen median miteinander verwachsen und bei Männchen getrennt voneinander sind. Hebt man eine Hälfte des männlichen Operculums z.B. mit einem Zahnstocher leicht an, erkennt man unterseits zwei zipfelförmige Genitalpapillen, die bei Weibchen (und bei den Männchen mancher Bothriuridae und Iuridae) fehlen. Dieses Unterscheidungsmerkmal ist bei lebenden Tieren allerdings wenig praktikabel. Hier fällt die Geschlechtszuordnung nicht immer leicht, vor allem, wenn man keine Vergleichsmöglichkeiten vor Augen hat. Einige sexualdimorphe Unterschiede seien hier aufgeführt, die jedoch nie bei allen Skorpionarten gleichzeitig vorkommen (s.a. KRAPF 1988a; POLIS & SISSOM 1990). Was diese Unterschiede funktionell bedeuten, ist weitgehend unklar.

1. Weibchen sind oft größer und schwerer als Männchen, da ihr Mesosoma für Embryonen Platz bieten muss. Zum Größenvergleich sind z.B. die Maße des Carapax geeignet.

2. Geschlechtsunterschiede betreffen oft die Form von Körperstrukturen. Männchen sind oft deutlicher skulpturiert als Weibchen (Körnung und Kiele auf Carapax, Metasoma usw.). Bei den Männchen mancher Arten sind die Pedipalpen deutlich verlängert oder die Scherenhände länger und schmaler (z.B. bei *Isometrus*, manchen *Tityus*, *Heterometrus* und *Chactas*). Bei anderen sind die Scherenhände der Männchen breiter und kräftiger (z.B. bei *Buthus*, einigen *Tityus*, *Scorpio maurus*), während dies z.B. bei *Pandinus imperator* auf die Weibchen zutrifft. Finden sich dornförmige Fortsätze an der Basisaußenseite des beweglichen Scherenfingers, wird es sich sehr wahrscheinlich um ein Männchen handeln, das damit beim „Händchen halten" während der Paarung seinen Griff sichert.

3. Das Metasoma kann verlängert sein wie z.B. bei manchen *Centruroides*, *Isometrus*, *Urodacus* und *Hadogenes*. Diesem Sexualdimorphismus verdankt das bis zu 21 cm lange Männchen von *Hadogenes troglodytes* sein Attribut als längster rezenter Skorpion.

4. Während weibliche Skorpione meist ein rundlicheres und größeres Telson besitzen, ist das männlicher *Euscorpius* und *Anuroctonus* deutlich voluminöser. Bei letzteren ist zudem die Stachelspitzenbasis blasig verdickt.

5. Da die Kammorgane auch wichtige Aufgaben beim Sexualverhalten von Skorpionen haben, sind Geschlechtsunterschiede in der Ausbildung dieser modifizierten Extremitäten weit verbreitet und teilweise schon vor der Adulthäutung zu erkennen (bei *Pandinus* z.B. schon im fünften Stadium). Sie betreffen u.a. Zahl und Länge der Kammzähne. Bei Buthiden sind die Kämme der Männchen länger, da sie mehr Kammzähne tragen. Im Durchschnitt haben z.B. Männchen von *Buthus occitanus tunetanus* am (linken) Kamm 32,3 ± 1,57 Zähne (N=83) und Weibchen 27,6 ± 1,08 (N=59); bei *Androctonus australis* sind es 34,2 ± 1,48 (N=35) bzw. 26,3

Androctonus australis, Kamm eines Weibchens.
Foto: D. Mahsberg

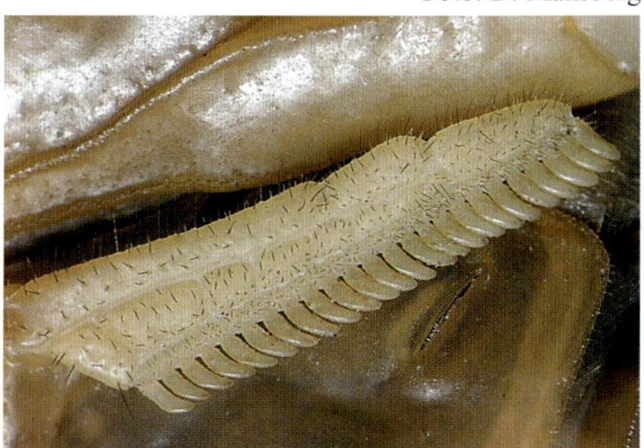

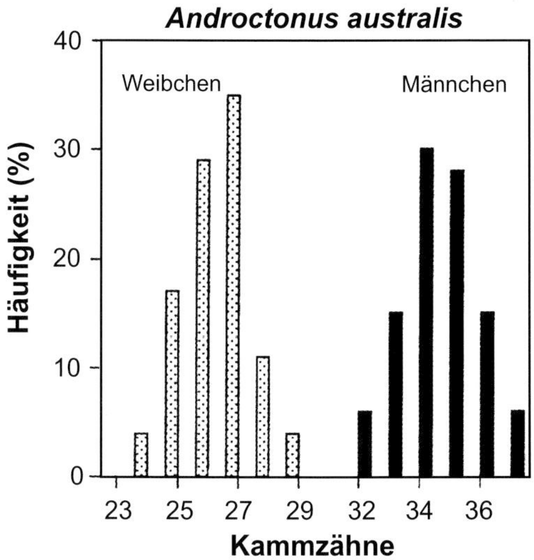

Abb. 7 – Zahl der Kammzähne (rechter Kamm) bei erwachsenen *Androctonus australis* im Geschlechtervergleich (35 Männchen, 47 Weibchen). Angegeben ist die prozentuale Häufigkeit von Skorpionen mit der entsprechenden Zahl an Kammzähnen.

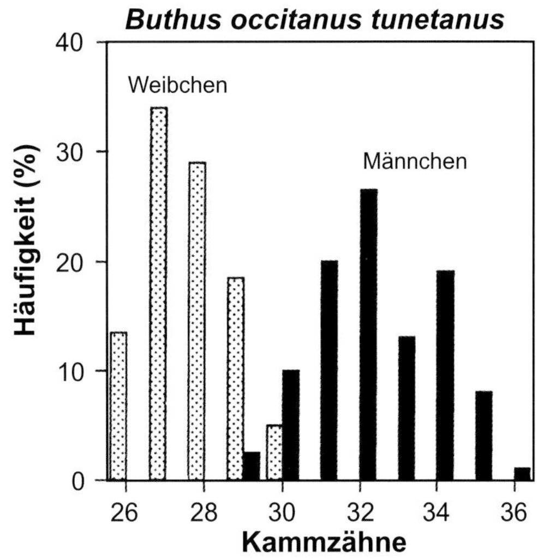

Abb. 8 – Zahl der Kammzähne (rechter Kamm) bei erwachsenen *Buthus occitanus tunetanus* im Geschlechtervergleich (83 Männchen, 59 Weibchen). Angegeben ist die prozentuale Häufigkeit von Skorpionen mit der entsprechenden Zahl an Kammzähnen.

± 1,25 (N=47). Bei Skorpionen anderer Familien, z.B. den Scorpionidae, sind die Kämme in beiden Geschlechtern etwa gleich lang, da sich die Zahnzahlen nicht auffallend unterscheiden (bei größeren Stichproben und statistischer Auswertung lassen sich aber schon Unterschiede zeigen). Dafür sind bei Männchen die Kammzähne deutlich länger als bei Weibchen. Bei adulten *Pandinus imperator* z.B. sind die 14 bis 17 Zähne der Männchen durchschnittlich 2.9 ± 0,25 mm lang (N=15 Tiere, wobei pro Tier der siebte Zahn des rechten Kammes vermessen wurde); die 14 bis 16 Zähne der Weibchen sind 2,1 ± 0,19 mm lang (N=12, s. Männchen).

6. Deuten Außenmerkmale auf ein bestimmtes Geschlecht hin, kann geschlechtsspezifisches Verhalten weitere Argumente für eine Entscheidung liefern. Man hat z.B. sicher ein Männchen

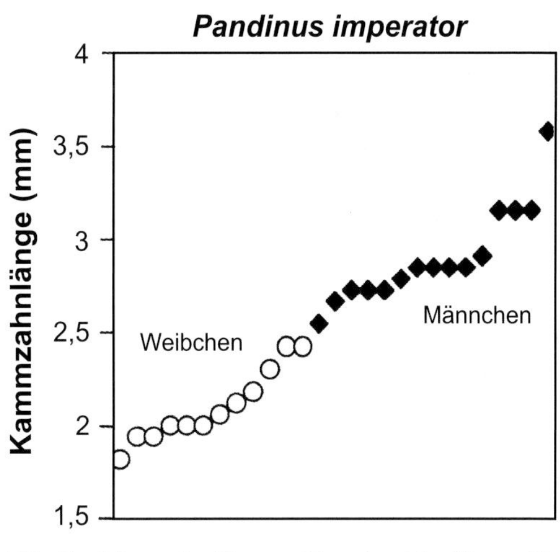

Abb. 9 – Länge der Kammzähne (rechter Kamm) bei erwachsenen *Pandinus imperator* im Geschlechtervergleich (15 Männchen, 12 Weibchen). Von jedem Tier wurde bei 14facher Vergrößerung der 7. Kammzahn (von außen) am rechten Kamm vermessen, an dem auch alle Zähne gezählt wurden.

vor sich, wenn das Tier ein anderes an den Scheren ergreift und es wie beim Paarungsvorspiel hin und her zieht. Andererseits darf man die „Tanzpartnerin“ deswegen nicht gleich für eine „Dame“ halten, denn Skorpionmänner wagen im Terrarium gelegentlich auch mit Geschlechtsgenossen ein Tänzchen. Männchen können auf Weibchenduft auch mit Körperzittern („juddering“) reagieren.

Verpaarung und Jungenaufzucht

Besitzt man von einer Skorpionart zweifelsfrei ein Pärchen, kann man es wagen, beide zur Verpaarung zusammenzusetzen. Gedämpftes Licht am Abend kann erfolgversprechend sein – schließlich beginnt zu dieser Zeit der „Skorpiontag“. Allerdings müssen die Tiere geschlechtsreif und gut gefüttert sein, da aus der Hochzeit sonst ein Leichenschmaus werden kann. Auch aus diesem Grund sollte man für den Notfall mit zwei langen Pinzetten bereitstehen. Sehr attraktiv sind Weibchen kurz nach ihrer Adulthäutung, wo sie vermutlich besonders viel Sexuallockstoff produzieren. Mit der Verpaarung warte man aber bis zur völligen Aushärtung ihrer Cuticula, da die Scheren des zugreifenden Männchens sonst lebenslange Spuren an ihren noch zarten Händen zurücklassen können.

Paarungsverhalten läuft zwischen den Geschlechtern in vielen Fällen nur dann ab, wenn externe Faktoren eine Synchronisierung der Partner ermöglicht haben. Bei Tieren aus den gemäßigten Breiten hat sich die Einhaltung einer Winterruhe von sechs bis acht Wochen bewährt. Bei Skorpionen der wechselfeuchten Tropen sollte man für die Dauer der natürlichen Regenzeit häufiger sprühen. Die Paarung, die mit der Übertragung der Spermatophore endet, läuft nach dem unter „Brautschau und Hochzeit“ beschriebenen Schema ab. Da sich das Weibchen anschließend zurückzieht und auf weitere Versuche seitens des Männchens recht heftig reagieren kann, sollte man beide schnell trennen. Ein befruchtetes Weibchen kann bis zur Geburt der Jungtiere oder sogar bis zu deren erster Häutung weitere Paarungen verweigern.

Ob eine Verpaarung erfolgreich war, lässt sich erst mit der Geburt der Jungen mit Sicherheit zeigen. Aber großer Appetit des Weibchens kann auf eine Trächtigkeit hindeuten, die je nach Art wenige Wochen bis mehrere Monate, ja sogar länger als ein Jahr dauern kann. Vielleicht sieht man gegen Ende der Tragzeit die Embryonen durch die Pleuren schimmern. Das Weibchen verteidigt vehement seine Wohnhöhle gegen Eindringlinge und sollte spätestens jetzt ein „Einzelzimmer“ bekommen. Weibchen können die Entwicklung ihrer Embryonen auch stoppen. Läuft die Embryogenese zu einem späteren Zeitpunkt wieder an, verstreicht eine sehr lange Wartezeit bis zur Geburt. So brachte ein *Pandinus*-Weibchen seine Jungen erst 1064 Tage nach der Paarung zur Welt (MAHSBERG 2000)! Unter Bedingungen, die dem Weibchen eine geringe Überlebenschance seines Nachwuchses signalisieren, kann dieser auch resorbiert werden. Auch bei der Geburt kann es zu Problemen kommen.

Junger Kaiserskorpion (***Pandinus imperator***), der durch Geburtsprobleme seinen Stachel eingebüßt hat und Deformationen des Metasomas aufweist. Die Schädigung des Enddarms führte zu einem Stau an Exkretstoffen (die man durch die Bauchplatten schimmern sieht), was noch vor der zweiten Häutung zu seinem Tod führte.
Foto: D. Mahsberg

Ist es z.B. zu trocken, können sich Larven in Resten von Embryonalhüllen verwickeln, aus denen sie sich auch mit Hilfe der Mutter nicht befreien können. Es kommt zu Verwachsungen, Extremitäten oder Metasoma reißen ab usw. Solche Jungen, die keine große Überlebenschance haben, werden vom Weibchen oft aufgefressen, auch bei sozialen Arten (siehe auch „Skorpione – soziale Räuber?"). Ein geeignetes Versteck sowie ausreichende Feuchtigkeit sind für den glücklichen Ausgang einer Skorpionschwangerschaft daher sehr wichtig. Einen kleinen Skorpion von seinen Hüllenresten befreien zu müssen, ist schwierig und verlangt zwei spitze Pinzetten, eine Stereolupe und eine ruhige Hand. Zuvor müssen diese Reste aufgeweicht sein, wofür man das Tier etwa eine Stunde in eine geschlossene Petrischale auf feuchten Zellstoff setzt. Ein solcher „Brutkasten", allerdings mit einer Lüftung versehen und nicht zu feucht, ist auch für neugeborene Skorpione geeignet, die man gleich nach der Geburt von der Mutter isoliert hat. Nach der ersten Häutung kann man sie dann in ein Terrarium setzen. Allerdings entgeht einem dadurch die interessante Brutpflegephase auf dem Rücken der Mutter.

Mit Ausnahme einiger weniger sozialer Skorpione (z.B. *Pandinus imperator*, *Heterometrus fulvipes*) sollte man kleine Skorpione nach ihrer ersten Häutung von der Mutter trennen, die sie sonst als Beutehappen betrachten könnte. Die Aufzucht erfolgt einzeln oder in kleinen Gruppen. Dabei ist stets darauf zu achten, dass genügend Futter und ausreichende Versteckmöglichkeiten wie rissiges Holz, zerklüftete Steine usw. vorhanden sind, da es unter den Geschwistern ansonsten zu Kannibalismus kommen kann. Gefüttert werden die Jungtiere zunächst mit Kleinstfutter wie etwa Springschwänzen, verschieden großen *Drosophila*, mit frisch geschlüpften Heimchen und Grillen, mit Jungasseln oder mit Wiesenplankton. Oft wird auch ein angedrücktes größeres Insekt oder ein davon abgeschnittenes Stück angenommen.

Kritische „Flaschenhälse" im Leben eines heranwachsenden Skorpions sind die Häutungen, die bei Beachtung des Mikroklimas im Terrarium problemlos verlaufen. Wenn sich durch eine Häutung das „Gleichgewicht der Kräfte" verschiebt, kann es z.B. unter Buthiden, die man als Gruppe hält, zu Kannibalismus kommen. Eine Ausnahme sind auch hier die sozialen Arten, bei denen sich häutende Tiere selbst im dichten Geschwisterpulk ungefährdet sind. Da selbst der giftigste Skorpion bei der Häutung völlig hilflos ist, müssen übrig gebliebene Futtertiere aus dem Terrarium entfernt werden.

Häutungen kündigen sich dadurch an, dass der Skorpion sehr dick wird (seine Masse hat sich seit der letzten Häutung evtl. verdoppelt), recht träge ist und sich in das Versteck zurückzieht. Bei sehr langer Häutungsverzögerung fehlte womöglich der entsprechende Auslöser; bei Buthiden kann dann eine Temperaturerhöhung helfen.

Leider teilen Skorpionhalter nicht das Glück von Vogelspinnenzüchtern, die aus einem Gelege Hunderte von „Spiderlingen" nachziehen können. Eine „Schwemme" an Nachzuchttieren, wie man sie von einigen Vogelspinnenarten inzwischen gewohnt ist, wird es bei den eher nachwuchsschwachen und langsam wachsenden Skorpionen wohl kaum geben (die mittlere Wurfgröße bei Skorpionen beträgt 25,0 ± 13,6 Junge, POLIS & SISSOM 1990). Umso mehr Mühe sollte sich der verantwortungsbewusste Pfleger von Skorpionen daher bei der Vermehrung seiner Tiere und der erfolgreichen Aufzucht der „Skorpionlinge" geben.

Futter und Fütterung

Skorpione in Gefangenschaft zu füttern ist insofern unproblematisch, als sie dank ihrer „Sparsamkeit" mit wenig Nahrung auskommen, nicht sonderlich wählerisch sind und alle möglichen Arthropoden fressen. Dass manche Arten in der Natur bevorzugt Spinnen und Skorpione jagen,

hat ökologische Gründe und macht sie von diesen Beutearten nicht abhängig. Gleiches gilt für sehr große Skorpione, die auch Wirbeltiere überwältigen können. Man muss sie deswegen nicht mit Mäusen füttern. Dagegen kann es durchaus Präferenzen für bestimmte Beutetypen geben, was möglicherweise mit der unterschiedlichen Bewertung von Eingangsreizen zu tun hat. So können grabende Skorpionarten (z.B. *Scorpio maurus*) außerhalb ihres Verstecks auf eine herumschwirrende Schmeißfliege mit Panik reagieren, während Buthiden dagegen in Jagdfieber geraten. Ein am Boden kriechender Käfer oder eine Assel, die beide nicht „viel Wind machen", werden für *Scorpio* genau das Richtige sein.
Der Terrarianer wird in der Regel auf leicht erhältliche Futtertiere zurückgreifen. Neben Grillen (*Gryllus* spp.) und Heimchen (*Acheta domesticus*) kommen z.B. Wanderheuschrecken (*Locusta migratoria*), Schaben (z.B. *Periplaneta americana*, *Blaptica dubia*), Mehlkäfer (*Tenebrio molitor*) und Argentinische Schwarzkäfer (*Zophobas morio*) samt ihrer Larven, Stuben- und Schmeißfliegen (*Musca*, *Calliphora*) sowie (flugunfähige) Fruchtfliegen (*Drosophila*) in Frage. Landasseln (Porcellionidae) findet man wie Spinnen und Regenwürmer leicht im Garten. Skorpione können zwar Opfer überwältigen, die größer und schwerer sind als sie selbst; Jungtiere sollte man dadurch aber nicht unnötig in Gefahr bringen.
Meist wird es ausreichen, Futtertiere bei Bedarf im Zoohandel zu kaufen oder sie sich per Abonnement schicken zu lassen. Adressen von Anbietern findet man regelmäßig in Fachzeitschriften (z.B. REPTILIA, DATZ, Elaphe, Herpetofauna u.a.). Futtertierzuchten für Skorpione lohnen sich nur bei größeren Tierbeständen und machen dann sicher mehr Arbeit als die eigentlichen Pfleglinge. Ein Vorteil ist, dass man die Qualität des Futters unter Kontrolle hat und zumindest verhindern kann, dass Infektionskeime oder Schadstoffe an die Terrarienbewohner weitergegeben werden.
Wie man Futtertiere richtig züchtet, ist bei FRIEDERICH & VOLLAND (1998) nachzulesen.
Während es z.B. für viele Reptilien unerlässlich ist, das Futter mit Mineralien und Vitaminen anzureichern, scheinen solche Nahrungszusätze nach bisherigem Wissen für das Wohlbefinden von Spinnentieren unerheblich zu sein; sie haben zumindest keine nachteiligen Folgen.
Während Skorpione in der Natur überwiegend mit knapper Kost auskommen müssen, leben sie im Terrarium selbst bei zurückhaltender Fütterung wie im Schlaraffenland. Freilandfänge sind jedenfalls meist leichter als Terrarienpfleglinge.
Den höheren Nahrungsbedarf heranwachsender bzw. trächtiger Skorpione sollte man durch häufigeres Füttern decken, wobei einmal pro Woche meist ausreichen wird. Der Pfleger kann das Wachstum seiner Tiere insofern beeinflussen, als zur Auslösung einer Häutung immer erst eine stadienspezifische Gewichtsschwelle erreicht sein muss. Erwachsene Skorpione kann man ohne weiteres länger fasten lassen, ohne dass es ihnen schadet. Wie oft man dann letztlich füttert, hängt auch von der Art und Größe der Beute ab und muss ausprobiert werden. Man sollte aber nie mehr Futtertiere anbieten, als bei einer Fütterung wirklich gefressen werden.
Viele Skorpione können ihren Wasserbedarf zwar über die Beute decken, trinken aber auch, wenn sie Gelegenheit dazu haben. Um Dehydrierung vorzubeugen, darf in keinem Skorpionterrarium eine flache Wasserschale fehlen (eine Petrischale, ein Honigglasdeckel o.ä.). Ein Stück Schaumstoff oder etwas Zellstoff im Wasser verhindern, dass kleinere Tiere ertrinken. Außerdem reagieren manche „wasserscheue" Arten sehr empfindlich auf Kontakt mit offenem Wasser und können Feuchtigkeit so vom Schaumstoff absaugen. Da flache Wasserschalen durch hineinhängende Ästchen, durch Moos usw. schnell leer gesaugt werden und den Bodengrund vernässen können, sollte man z.B. einen flachen Stein als Unterlage verwenden.

Haltungsfehler und Krankheiten

Buthus occitanus beim Trinken in der Wasserschale. Man beachte die unnatürliche Pedipalpenhaltung des stark dehydrierten Skorpions. Foto: D. Mahsberg

Schlechte Haltungsbedingungen können nicht nur bei Wirbeltieren zum Ausbruch von Krankheiten und letztlich zum Tod führen. Auch Gliederfüßer sind davon nicht ausgenommen, nur merkt man nicht so leicht, wenn es ihnen an etwas mangelt oder wenn sie krank sind. Wenn man sich aber nur etwas mit dem Verhalten und der Biologie von Skorpionen beschäftigt hat, wird man schnell erkennen, dass z.B. tropische Kaiserskorpione als „Schmuckwächter“ im Juwelierschaufenster fehl am Platz sind: in gleißendem Spot-Licht auf trockenem Sand und ohne Versteck kann es ihnen nicht gut gehen.

Ein Indiz für Gesundheitsprobleme oder nahenden Alterstod eines Skorpions kann stetiger Gewichtsverlust sein. Die zunächst zu beobachtende Gewichtsabnahme nach einer Häutung ist dagegen ganz normal.

Da Skorpione oft als „Beifänge“ in den Handel kommen und auf dem Transport wohl kaum versorgt werden, leiden viele unter Wassermangel. Wie Skorpione, die zu warm und zu trocken gehalten wurden, müssen sie zunächst getränkt werden. Stark dehydrierte Tiere, die abgemagert und mit eingekrümmten Beinen herumliegen, nicht oder kaum noch laufen oder die Pedipalpen unkoordiniert bewegen, haben kaum Überlebenschancen. Man kann solche Skorpione gelegentlich zum Trinken animieren und retten, indem man sie mit dem Vorderkörper so weit in das schräg gestellte Trinkgefäß setzt, dass der Mundbereich mit Wasser benetzt wird. Die Stigmen sollten dabei nicht untergetaucht werden.

Bei Skorpionen, die rund und wohlgenährt aussehen und nach einiger Zeit Lauf- und Greifprobleme bekommen, könnte eine Häutung überfällig sein. Wenn z.B. bei Buthiden zu kühle Bedingungen die Ursache waren, sollten sich solche Skorpione nach Erhöhung der Haltungstemperatur (z.B. auf 30 °C) bald häuten und dann wieder fit sein (siehe auch „Wachstum und Häutung“).

In feuchtwarmen Skorpionterrarien treten leicht Milben auf, die sich überwiegend von organischem Abfall ernähren. Futterreste müssen daher regelmäßig entfernt werden. Starke Vermilbung der Skorpione kann den Tod der Tiere herbeiführen, wenn Milben z.B. in die Atemöffnungen eindringen. Auch hier ist Vorbeugung die beste Medizin. Vielleicht gelingt es auch, die Plagegeister mit einem trockenen oder mit Alkohol leicht angefeuchteten Pinsel abzustreifen. Sonstige Lösungsmittel oder Öl sind keinesfalls geeignet.

Skorpione als Schmuckwächter? Weder wirksam noch artgerecht! Foto: D. Mahsberg

Bei Skorpionen arider Lebensräume kann zu feuchte Haltung zu Pilzinfektionen führen. Braunschwarze Flecken am Bauch oder am Metasoma oder schwarz werdende Gliedmaßen, die abzusterben drohen, deuten auf *Aspergillus*-Befall hin. Besonders kritisch ist eine Verpilzung der Atemorgane. Im Anfangsstadium kann eine antimykotische Salbe eventuell noch helfen. Wichtig ist auch eine gründliche Reinigung des sporenkontaminierten Terrariums sowie vorübergehende trockene und warme Haltung des befallenen Skorpions in einem Isolierbecken, z.B. auf Zeitungspapier. Von Pilzinfektionen sind überwiegend geschwächte oder alte Tiere betroffen, deren cuticulare „chemische Keulen“ nicht mehr funktionieren.

In vielen Fällen plötzlichen Skorpiontodes wird man zu keiner klaren Diagnose kommen. Ursache könnten Viren, Ricketsien und Bakterien gewesen sein, die innere Organe befallen und regelrecht auflösen können. Übertragen werden solche Erreger meist über das Futter. Wenn man in seiner Insektenzucht z.B. aufgedunsene Tiere findet, die sich rotviolett verfärben, absterben und schwarz werden, sollte man an eine mikrobielle Infektion denken, die für andere Arthropoden ansteckend sein kann. LÖSER (1991) empfiehlt, die geringere Temperaturtoleranz dieser Mikroben auszunutzen und die Haltungstemperatur der infizierten Pfleglinge zu verändern (bei Skorpionen dürfte eine Erwärmung am sinnvollsten sein).

Skorpione können sich auch gegenseitig so schwer verletzen, dass sie früher oder später daran eingehen. Männchen von *Heterometrus spinifer* attackieren sich mit ihren kräftigen Scherenhänden gelegentlich so, dass sie dem Gegner die Scherenfinger brechen, Gelenke zerdrücken oder Löcher in den Panzer stanzen können. Dabei führen Verwundungen der Pedipalpen leicht zu einem Absterben der ganzen Extremität, was eine Amputation nötig machen kann. Hatte man solche Arten zuvor z.B. in einer Geschwistergruppe gehalten, ist es jetzt

Dieser männliche ***Heterometrus spinifer*** (Scorpionidae) ist nach dem Kampf mit einem Rivalen gestorben. Man beachte die Verletzungen an den Scherenhänden.
Foto: D. Mahsberg

höchste Zeit, Brüder voneinander zu isolieren. Unverträgliche Arten sollte man wegen solcher Risiken daher grundsätzlich nicht vergesellschaften.

Wenn man z. B. einen schwer kranken Skorpion töten muss, friert man ihn am besten für einige Tage in der Tiefkühltruhe ein. Zum Aufbewahren konserviert man Skorpione in 70- bis maximal 80%igem Äthanol oder Isopropanol. Bei Tieren über etwa fünf Zentimeter Gesamtlänge sollte man zum besseren Durchfixieren Alkohol auch injizieren. Hierzu führt man die Kanüle einer luftfrei aufgezogenen Einwegspritze in die Afteröffnung ein (weiche Haut am Ende des fünften Metasomarings) und drückt vorsichtig solange Alkohol durch den Darm in den Körper, bis dieser sich leicht dehnt. Bei Skorpionen mit muskulösen Scheren sollte man auch durch die Gelenkmembran der Scherenhände etwas Alkohol spritzen. Für taxonomische Zwecke sind Skorpione grundsätzlich flüssig zu konservieren (zur Methode siehe SISSOM, POLIS & WATT 1990). Trocknen und Nadeln verändert externe und interne Strukturen. Außerdem können Schadinsekten getrocknete Skorpionmumien in kurzer Zeit zu Staub zerlegen, wenn sie nicht in dichten Kästen aufbewahrt werden.

Skorpione im Paragraphendschungel

Wie RÖSSEL (1997) in seinem Artikel über Rechtsfragen bei der Haltung von Vogelspinnen und Skorpionen deutlich macht, kann man sich solche Haustiere nicht so „einfach zulegen“. Darüber darf auch die Tatsache nicht hinwegtäuschen, dass sie in vielen Zoofachgeschäften regelmäßig angeboten werden. In manchen Bundesländern besteht eine Genehmigungspflicht (Bayern, Berlin, Bremen, Mecklenburg-Vorpommern, Niedersachsen, Saarland, Sachsen-Anhalt, Schleswig-Holstein), wobei Verstöße gegen die entsprechenden Bestimmungen als Ordnungswidrigkeiten mit Bußgeld belegt und die Tiere eingezogen werden können. In den meisten Bundesländern liegen den Verboten Verordnungen über das Halten gefährlicher Tiere zu Grunde. Ausnahmen können seitens der zuständigen Behörde erteilt werden, sind dann aber mit Auflagen bzw. Bedingungen verknüpft, die je nach Bundesland verschieden sind (für Details siehe RÖSSEL 1997). Gefordert werden kann z.B., dass ein berechtigtes Interesse an der Haltung dieser Tiere besteht, der Halter als zuverlässig gilt und seine Kenntnisse und Fähigkeiten nachgewiesen und die Tiere artgemäß und verhaltensgerecht untergebracht hat. Zudem müssen geeignete Gegenmittel und Behandlungsmethoden im Falle einer Verletzung vorhanden und eine Haftpflichtversicherung abgeschlossen sein. Eine Gefährdung Dritter muss ausgeschlossen werden. Verursacht ein Tier einen Unfall, bei dem Menschen oder Sachen zu Schaden kommen, ist der Tierhalter schadensersatzpflichtig und kann bei Fahrlässigkeit sogar wegen fahrlässiger Körperverletzung bzw. Tötung belangt werden. Ein entkommener Skorpion, der zwar niemanden verletzt, aber die Öffentlichkeit beunruhigt, bis er wieder „zu Hause“ ist, kann dem Halter wegen einer Ordnungswidrigkeit eine Geldbuße von 500 bis 1000 DM bescheren.

Manche der bestehenden Verordnungen zur Haltung „gefährlicher Tiere“ erscheinen nicht sehr durchdacht, da sie die Fähigkeit einer Tiergruppe zur Giftabgabe pauschal mit „Gefährlichkeit“ gleichsetzen. Andererseits sind diese Bestimmungen geltendes Recht bzw. können nach dem Ermessen der zuständigen Behörde durchgesetzt werden. Wer also beabsichtigt, Skorpione im Terrarium zu pflegen, sollte sich schon vorher um die hierfür nötigen Genehmigungen kümmern und alles für eine sichere Unterbringung der Tiere tun. Verstöße kommen nicht nur dem Halter teuer zu stehen, sondern werden zu einer zunehmend restriktiven Einstellung gegenüber jeder Art von Tierhaltung führen, die sich nicht mit „normalen Haustieren“ befasst.

Skorpione und Artenschutz

In manchen Wüsten kann man zu bestimmten Zeiten fast auf jedem Quadratmeter einen Skorpion antreffen. In Mexiko kommt es immer wieder zu Masseninvasionen von *Tityus*-Arten. Die meisten Skorpionarten sind in der Natur nicht leicht zu finden, was aber auch an ihrer versteckten nächtlichen Lebensweise liegen mag. Insofern ist auch nicht einfach zu entscheiden, ob eine Art in ihrem Bestand bedrohlich abnimmt oder nicht. Skorpionpopulationen scheinen starkem Räuberdruck ausgesetzt zu sein und werden wohl auch immer wieder durch unvorhersehbare Katastrophen wie Überschwemmungen, Sandstürme, Feuer oder ungewöhnlich hohe bzw. niedere Temperaturen „ausgedünnt“ (POLIS 1990). Es gibt Hinweise, dass mit zunehmendem Versteckangebot auch die Populationsdichte ansteigen kann (*Centruroides exilicauda*, POLIS & YAMASHITA 1991).
Welchen Effekt anthropogene Eingriffe auf die Populationsdynamik von Skorpionen haben, ist durch wissenschaftliche Untersuchungen bisher nicht zu belegen. Andererseits lassen sich für besonders „genutzte“ Arten Risiken abschätzen.

Auf Grund solcher Abwägungen unterliegen drei Arten der Scorpioniden-Gattung *Pandinus* (*P. imperator*, *P. dictator* und *P. gambiensis*) seit dem 16.2.1995 dem Übereinkommen über den internationalen Handel mit gefährdeten Arten freilebender Tiere und Pflanzen, dem Washingtoner Artenschutzübereinkommen (WA, engl. CITES) und der Artenschutzverordnung der Europäischen Union. Bundesnaturschutzgesetz und Bundesartenschutzverordnung ergänzen die WA- und EU-Regelungen innerstaatlich. Die erwähnten *Pandinus*-Arten werden in Anhang II des WA geführt. Eine Bestimmungshilfe zum Trennen dieser Arten und Unterscheidungsmerkmale zur nahe verwandten asiatischen Gattung *Heterometrus* geben LOURENÇO & CLOUDSLEY-THOMPSON (1996).

WA II enthält alle Arten, die zwar nicht aktuell vor der Ausrottung stehen, aber davon bedroht werden könnten, wenn Handel und Nutzung nicht streng kontrolliert würden. *Pandinus*-Arten sowie aus ihnen hergestellte Produkte dürfen demnach nur mit gültigen Export- und Importbescheinigungen in den Handel gelangen. Eine direkte Gefährdung dieser als Terrarientiere besonders beliebten Skorpione wird z.Zt. allerdings noch nicht angenommen.

Die IUCN (Internationale Naturschutzunion) weist als beratende WA-Instanz jedoch ausdrücklich auf die unzulängliche Datenbasis hin, um Handelsauswirkungen auf *Pandinus-imperator*-Populationen wirklich abschätzen zu können (über die beiden anderen geschützten *Pandinus*-Arten liegen keinerlei Handelsdaten vor). Dass der Handel gerade mit Kaiserskorpionen „boomt", verdeutlichen die über 100.000 Tiere, die 1995 und 1996 aus Westafrika ausgeführt wurden (IUCN/SSC Trade Programme, schriftl. Mitteilung an D. Mahsberg). Wer die Lebensgeschichte so langlebiger, sich langsam fortpflanzender Tiere zu interpretieren versteht, wird vorhersagen, dass natürliche Populationen derart massiven Entnahmen langfristig nicht gewachsen sein werden und zumindest lokal aussterben können. Die Zerstörung natürlicher tropischer Lebensräume würde beschleunigend dazu beitragen. Gerade den Haltern von *Pandinus* muss klar sein, dass sie bei der Pflege dieser eindrucksvollen Skorpione eine besondere Verantwortung tragen und alles tun sollten, die nationale Nachfrage durch Nachzuchten zu decken.

Für WA-II-Arten, die ab dem 1.6.1997 erworben wurden, sind nicht mehr die früher üblichen CITES-Dokumente nötig, sondern es genügt eine formlose Bescheinigung des Vorbesitzers, in der er die rechtmäßige Abgabe der Tiere erklärt. Diese Bescheinigung entbindet den Halter nicht von seiner Meldepflicht bei der lokalen Umweltbehörde, dem Regierungspräsidium oder dem Landratsamt, wo er den Erwerb geschützter Arten sowie Änderungen in seinem Tierbestand (Todesfälle, Nachzuchten) innerhalb von vier Wochen anzeigen muss.

Da langfristige und regelmäßige Kartierungen, auch von Mikrohabitaten, für fast keine Skorpionart vorliegen, werden Veränderungen im Bestand vieler Arten zunächst unbemerkt bleiben. In der Schweiz, wo Matt Braunwalder das lokale Vorkommen von *Euscorpius italicus* und *E. germanus* seit Jahren verfolgt, muss man inzwischen von einer akuten Gefährdung beider Arten ausgehen (BRAUNWALDER & TSCHUDIN 1997). In Österreich führt man *E. germanus* und *E. carpathicus* schon in der „Roten Liste gefährdeter Arten", in Tirol und in der Steiermark stehen Skorpione unter Naturschutz. Verbuschung, land- und forstwirtschaftliche Maßnahmen, verstärkte Bautätigkeit sowie das Abtragen spaltenreicher Mauern und die „Bekämpfung" in Häusern nehmen diesen harmlosen Skorpionen immer mehr Lebensmöglichkeiten.

Vom Umgang mit Skorpionen

Folgende wichtige Fragen sollte man im Vorfeld einer Skorpionhaltung klären. Die Empfehlungen für den Umgang mit Skorpionen als Terrarienbewohner verdienen umso mehr Beachtung, je größer die potentielle Gefährlichkeit eines Skorpions ist. Sie betreffen vor allem die Vermeidung von Stichen und anderen Unfällen beim „handling“ (SCHIEJOK 1998c). Dadurch sollen sowohl Pfleger als auch Tiere geschützt werden.

1. Erkundigen Sie sich, welche rechtlichen Voraussetzungen Sie für eine Skorpionhaltung erfüllen müssen – bevor Sie mit Skorpionen umgehen.

2. Schließen Sie eine Haftpflichtversicherung ab!

3. Kennzeichnen Sie Ihre Terrarien mit Angaben zu Art, Herkunft und potentiellen Gesundheitsrisiken. Geben Sie Notrufnummern an.

4. Skorpione niemals mit der bloßen Hand ergreifen. Bei Arbeiten im besetzten Terrarium immer stichfeste Handschuhe tragen oder besser noch Verlängerungen wie Löffel, Pinzetten usw. verwenden! Auch erfahrene Pfleger sind vor Stichen nicht sicher und gehen je nach Skorpionart u.U. hohe Risiken ein.

5. Wichtigstes „Werkzeug“ des Skorpionhalters sind eine oder besser zwei kräftige Pinzetten, die länger als die Gesamtlänge des Skorpions sein müssen (für große bzw. sehr giftige Arten etwa 30 cm lang). Für neugeborene Skorpione nimmt man eine stumpfe Federstahlpinzette, um sie nicht zu verletzen.

6. Um Skorpione aus dem Terrarium zu fangen, drängt man sie mit einem langen Stab oder der Pinzette vorsichtig in eine auf den Boden gelegte Plastikdose, die man anschließend fest verschließt. Muss man die Tiere anheben, nimmt man sie niemals an Beinen oder Scheren, sondern fasst sie mit der Pinzette von der Seite am vierten oder fünften Segment des „Skorpionschwanzes“ (Metasoma). Greift man in Körperlängsachse zu, können sich Skorpione mit den Scheren an der Pinzette entlanghangeln und der Hand bedrohlich nahe kommen.

7. Behälter zur Skorpionhaltung müssen ausbruchsicher und mit einem Deckel versehen sein, der bei gefährlich giftigen Arten abschließbar sein muss. Alternativ müssen solche Arten in einem abschließbaren Raum untergebracht sein, aus dem sie nicht entkommen können.

6. Zu Skorpionen dürfen unbefugte und besonders gefährdete Personen wie Kinder keinen Zugang haben.

7. Der Umgang mit giftigen Tieren verlangt einen klaren Kopf, den man nach Alkohol- und Drogenkonsum nicht mehr hat.

8. Ein Skorpion kann älter als ein Hund werden und dem Pfleger jahrelange Betreuung abverlangen. Sind Sie dazu bereit? Akzeptieren auch Ihre Mitbewohner solche Dauergäste?

9. Skorpione sind - was VON WIRTH (1996) auch zur Vogelspinnenhaltung anmerkt - keine Spiel- oder Schmusetiere. Lassen Sie die Haltung von Skorpionen und anderen giftigen Tieren sein, wenn Ihnen dazu nur „Nervenkitzel“ und „Imponieren“ einfällt! Wer „unter dem Skorpion geboren“ ist, braucht ihn deswegen nicht unbedingt auch als Haustier.

So mit einer langen Pinzette gehalten, hat man auch gefährliche Skorpione voll im Griff. Foto: D. Mahsberg

Skorpionportraits

In den folgenden, nach Skorpionfamilien sortierten Portraits werden neben häufiger im Terrarium gehaltenen Arten auch einige seltener gepflegte Skorpione vorgestellt. Dabei sollen - soweit bekannt - die für die Haltung und Zucht notwendigen Informationen vermittelt werden. Für Familienmerkmale siehe „Das System der Skorpione: ein Familienüberblick". Die Angaben zur Erstbeschreibung (Autor und Jahreszahl) sind FET, V., W.D. SISSOM, G. LOWE & M.E. BRAUNWALDER 1999 entnommen (Braunwalder schriftl. Mitteil.). Bei der geographischen Verbreitung ist u.a. die klimatische Ökozone (WALTER & BRECKLE 1984) vermerkt, in der die Art bzw. Gattung überwiegend lebt. Die zur jeweiligen Gattung angegebene Literatur beinhaltet neben terraristischen Angaben vor allem auch Publikationen zur Taxonomie, Systematik, Ökologie und Verhaltensbiologie. Die Bestimmungsschlüssel von SISSOM (1990) führen bis zum Gattungsniveau.

Familie Buthidae C. L. KOCH, 1837

Gattung *Androctonus* EHRENBERG, 1828

Dickschwanzskorpione

Geographische Verbreitung und Kennzeichen
Diese acht Arten umfassende Skorpiongattung hat ein ausgedehntes Verbreitungsgebiet, das sich von Nordafrika (Sahara, Sudan) über den Nahen und Mittleren Osten (Libanon, Israel, Jordanien, Saudi-Arabien, Oman, Kuwait, Vereinigte Arabische Emirate) bis nach Afghanistan, Pakistan und Nordwest-Indien erstreckt. Alle *Androctonus* ssp. sind Arten arider Lebensräume. Sie leben v.a. unter subtropischem Wüstenklima, im äußersten Norden Afrikas auch unter mediterranem Winterregenklima.
Dickschwanzskorpione besitzen ein kräftiges Metasoma, das deutlich breiter als die Pedipalpen ist. Außerdem können die seitlichen Ränder besonders des vierten und fünften Metasomarings stark gekielt sein (Ring im Querschnitt oberseits wie ein U eingebuchtet). Männchen besitzen mehr Kammzähne als Weibchen.

Literatur
Taxonomie, Systematik, Verbreitung: VACHON (1952), LEVY & AMITAI (1980), SISSOM (1990). Allgemeine Biologie, Haltung: AUBER-THOMAY (1974), SCHMIDBAUER (1982), SCHIEJOK (1996).

Androctonus australis (LINNÉ, 1758)

Sahara-Skorpion, Nordafrikanischer Dickschwanz-Skorpion

Lebensraum
Zu den typischen Lebensräumen dieser Art gehören Geröllhalden ebenso wie Steppen, Halbwüsten und Wüsten, wo sie in flachen, selbst gegrabenen Verstecken oder unter Steinen usw. zu finden ist. Nachts klettern diese Skorpione

Dickschwanzskorpion (***Androctonus australis***) aus der libyschen Wüste in Abwehrstellung. Foto: K. E. Linsenmair

auch in Büsche; Jungtiere findet man sogar an Grasspitzen auf Beute lauernd.

Größe

Ausgewachsene Exemplare erreichen Längen von 6 (Männchen) bis 8 cm (Weibchen) und gehören damit zu den mittelgroßen Skorpionen.

Merkmale

Vom sandfarbenen Körper heben sich die helleren, leicht transparent wirkenden Beine ab. Die Scherenhände sind viel kräftiger als bei *A. bicolor aeneas*, erreichen aber trotzdem nicht den Durchmesser des äußerst kräftigen Metasomas. Scherenhände sowie die beiden Endglieder des Metasomas sind teilweise bis ganz kastanienbraun bis fast schwarz gefärbt, besonders bei Jungtieren. Die Giftblase ist groß und dunkel.

Giftigkeit

Wie alle *Androctonus*-Arten sehr schmerzhafte Stiche mit der Gefahr kardialer und zentralnervöser Symptomatik. Beim Umgang mit dieser Art ist größte Vorsicht angebracht, da sie als die giftigste in ganz Nordafrika gilt und für die meisten Todesfälle in dieser Region verantwortlich ist (überwiegend Kinder). Bei der Haltung dieser Art sind alle sicherheitsrelevanten Maßnahmen unbedingt einzuhalten!

Haltung und Zucht

Die Tiere lassen sich paarweise in 20 cm hohen Becken mit einer Grundfläche von 30×30 cm halten. Ausreichende Fütterung kann Kannibalismus vorbeugen. Als Bodengrund wählt man eine etwa zehn Zentimeter hohe Schicht aus einem Lehm-Sand-Gemisch, in dem die Tiere Wohnröhren anlegen. Eine insgesamt trockene Haltung hat sich bewährt (allerdings sollte auch hier das Versteck stets leicht feucht gehalten werden).

Die Haltungstemperatur darf 28 bis 30 °C, lokal auch bis zu 40 °C betragen. Eine Überwinterung bei 10 bis 15 °C fördert die Fortpflanzungsbereitschaft.

Etwa drei Wochen nach der Winterruhe beginnt das Männchen, ruhelos im Behälter umherzulaufen. Stößt es dabei auf eine Partnerin, beginnt es unverzüglich zu balzen. Der „Hochzeitstanz" dauert drei bis fünf Stunden. Dabei sticht das Männchen seine Partnerin auch in Bauch oder Rücken, was wir bei allen von uns gepflegten *Androctonus*-Arten beobachten konnten.

Nach einer Tragzeit von 110 bis 120 Tagen werden am Ende des Sommers die Jungen geboren. Es sind im Durchschnitt 35 bis 60, in Ausnahmefällen bis zu 140 Tiere. Da die Mutter ihre Jungen nach Ende der Brutpflegephase gerne verzehrt, sollte man diese ab dem zweiten Stadium besser einzeln in Kleinstbehältern aufziehen.

Als Erstlingsfutter sind Springschwänze und kleine flugunfähige *Drosophila* geeignet. Nach etwa 14 Tagen akzeptieren die Jungtiere bereits frisch gehäutete Heimchen und große *Drosophila*. Die Temperatur in den Aufzuchtgefäßen sollte niemals 30 °C übersteigen; als Substrat kann das gleiche Material wie bei den Eltern verwendet werden. In eine Ecke des Behälters legt man ein feuchtes Stück Schaumstoff, damit die Jungen jederzeit trinken können. Mit ein bis zwei Jahren erreicht *A. australis* die Geschlechtsreife. Seine Lebenserwartung beträgt vier bis acht Jahre.

Futter

Als Futtertiere eignen sich Wanderheuschrekken, Heimchen, Grillen, Schaben, Mehlwürmer, Käfer und deren Larven sowie Fliegen und Falter.

Androctonus mauritanicus (POCOCK, 1902)

Lebensraum

Diese Art bewohnt aride Lebensräume wie Wüsten, Grassteppen, Sandhügel und Geröllhalden.

Größe

Exemplare dieser Art können eine Gesamtlänge von 9 cm erreichen.

Merkmale

A. mauritanicus ist einheitlich mattschwarz gefärbt; die Extremitäten sind etwas heller. Seine Scherenhände sind klein und spitz. Die Giftblase ist knapp so lang wie der Stachel und nicht sehr groß.

Giftigkeit

S. *A. australis*

Haltung und Zucht

Dank der geringen innerartlichen Aggressivität ist es möglich, in einem Becken von 30×30×20 cm (L×B×H) fünf bis sechs *A. mauritanicus* zu pflegen. Als Substrat ist feiner, in den unteren Schichten stets leicht feucht zu haltender Sand geeignet, auf dem man einige flache Steine als Verstecke verteilt. Die Tiere bevorzugen aber selbstgegrabene Wohnröhren, weshalb der Sandboden tief genug sein muss. Unerlässlich ist eine flache Trinkschale.

Als Haltungstemperatur sind 30 bis 35 °C empfehlenswert (Nachtabsenkung auf Zimmertemperatur). Ein trächtiges Weibchen, das über den Tierhandel importiert wurde, brachte nach 14 Tagen 23 Jungtiere zur Welt. Ihre Aufzucht erwies sich als unproblematisch. Die Jungen hält man auf leicht feuchtem Sand mit einigen Rindenstücken als Versteck. Die Tagestemperaturen von etwa 27 °C können nachts auf 22 °C abgesenkt werden. Als Erstfutter geeignet sind Springschwänze und *Drosophila*.

Futter

Diese Art frisst mittelgroße Heimchen und Grillen, kleine Wanderheuschrecken, Getreideschimmelkäfer und deren Larven, Asseln, Spinnen und Mehlwürmer.

Die Sandwüsten der Sahara sind nicht nur etwas für Dünenkletterer wie ***Buthacus arenicola***, sondern werden auch von anderen Buthiden bewohnt. Foto: D. Mahsberg

Die Gattung ***Buthus*** (hier ***B. occitanus***) trägt auf dem Carapax wie eine Leier geformte Körnerreihen.
Foto: M. Vences

Gattung ***Buthus*** LEACH, 1815

Geographische Verbreitung und Kennzeichen
Diese Gattung besiedelt mit nur drei Arten und mehreren Unterarten Südfrankreich und Südspanien, Nordafrika einschließlich Ägypten, Äthiopien und Somalia sowie Israel und Jordanien. Am bekanntesten ist der Feld- oder Languedoc-Skorpion *Buthus occitanus occitanus* (Amoreux) Südeuropas (mediterranes Winterregenklima) und *Buthus occitanus tunetanus* (Herbst) aus Tunesien, dem Sahara-Atlas und der Zentral-Sahara, der v.a. unter subtropisch aridem Wüstenklima, im äußersten Norden Afrikas auch unter mediterranem Winterregenklima lebt.

Die Granulation des Carapax von *Buthus* spp. unterscheidet sich von der aller anderen Buthiden durch die Verbindung einiger Körnerreihen zu einer leierförmigen Figur. Im Gegensatz zu *Androctonus* ist das Metasoma von *Buthus* schlanker; auch sind die Metasomaringe alle etwa gleich groß.

Buthus occitanus occitanus (AMOREUX, 1789)

Geographische Verbreitung
Diese Unterart bewohnt Südfrankreich, die Iberische Halbinsel, Sizilien, Malta (vermutlich eingeschleppt), Nordafrika, Israel, Jordanien, den Irak, die Sahara sowie die Sahel-Zone vom Senegal bis nach Äthiopien und Somalia.

Lebensraum

Der Feldskorpion bewohnt Wüstengebiete und trockene, steinige Grassteppen. Tagsüber verbirgt er sich unter flachen Steinen, wo er sich am Ende eines bis zu zehn Zentimeter langen Ganges eine kleine Kammer anlegt.

Größe

Diese Unterart ist mit durchschnittlich 8 cm ausgewachsen und zählt damit zu den mittelgroßen Skorpionen.

Äußere Merkmale

Lebende Exemplare weisen eine sandgelbe Färbung auf, die an den Rückensegmenten auch dunklere Schattierungen ausbildet, so dass der Eindruck einer Streifenzeichnung entstehen kann. Die Scheren sind kompakt und verjüngen sich nach vorne deutlich. Im Verhältnis zum Metasoma ist die Giftblase ziemlich groß. Männchen besitzen mehr Kammzähne als Weibchen.

Giftigkeit

Stiche der europäischen Unterart *B. o. occitanus* können schmerzhaft sein, zeigen aber keine systemische Wirkung. Das Gift von *B. o. tunetanus* ist dagegen weit potenter und kann zu Herz-Kreislauf-Problemen führen.

Haltung und Zucht

Jedes Paar benötigt ein wenigstens 30×30×20 cm (L×B×H) messendes Becken. Es ist unbedingt darauf zu achten, dass die Tiere ausreichend gefüttert werden, da es sonst zu Kannibalismus kommt. Als Bodengrund eignet sich grober Sand oder Lehm.

Die Tagestemperaturen sollten bei 30 °C liegen und können lokal sogar auf 35 bis 38 °C erhöht sein. Gerade bei hoher Haltungstemperatur darf eine flache Wasserschale nicht fehlen.

Oft liegen die Tiere in engem Körperkontakt unter einem Versteck. *B. occitanus* ist eine im Terrarium sehr lebhafte und häufig auch tagaktive Art. Der Paarungstanz zieht sich nicht selten über zwei bis drei Tage hin; die Paarung erfolgt aber nur in der Nacht. Die Spermatophore wird immer auf einer flachen Unterlage (Stein oder Rinde) abgesetzt, niemals jedoch auf Sand. Nach erfolgter Paarung sinkt die Aktivität der Skorpione, die sich dann nur noch in der Dunkelheit zeigen. Auch fressen sie jetzt seltener und unregelmäßiger. Etwa vier Wochen vor der Geburt stellt das Weibchen die Nahrungsaufnahme völlig ein; von jetzt an wird auch das Männchen nicht mehr in der gemeinsamen Höhle geduldet. Die künftige Mutter beginnt dann, ihr Versteck nach unten bis zum Boden des Terrariums zu erweitern.

Die Präembryonalentwicklung dauert etwa 105 bis 120 Tage. Nach der Geburt verbringen die Kleinen die folgenden fünf bis sieben Tage auf dem Rücken der Mutter und häuten sich dann. Ihre zarten Exuvien bleiben wie Gespinste auf dem Weibchen hängen. Ab jetzt sind die Jungen in Kleinstbehältern separat aufzuziehen.

Als Erstlingsfutter eignen sich kleine *Drosophila* und Springschwänze; nach 14 Tagen kann man frisch geschlüpfte Heimchen anbieten. Als Substrat für die Jungtiere hat sich ein Erde-Sand-Gemisch bewährt, welches man an einer Stelle feuchter hält. Eine „Korkbrücke“ dient als Unterschlupf, während ein feuchtes Stück Schaumstoff immer Gelegenheit zum Trinken bietet (bei sehr kleinen Skorpionen sind Trinkschalen gefährlich). Die Bodentemperatur sollte tagsüber bei 25 bis 30 °C liegen und während der Nacht auf 20 °C abgesenkt werden.

Futter

Gefüttert werden adulte *B. occitanus* mit mittelgroßen Heimchen und Grillen, mit Mehlwürmern, jungen Wanderheuschrecken usw.

Literatur

Taxonomie, Systematik, Verbreitung: VACHON (1952), LEVY & AMITAI (1980), SISSOM (1990),

BELLMANN (1997). Allgemeine Biologie, Verhalten, Ökologie: AUBER (1963), KRAPF (1988a), FABRE (1907). Haltung: BÖTTCHER (1988), KRAPF (1988b).

Gattung *Hottentotta* BIRULA, 1908

Geographische Verbreitung und Kennzeichen

Das Verbreitungsgebiet dieser vormals *Buthotus* genannten Gattung (21 Arten) erstreckt sich über ganz Afrika und vom Mittelmeer über den Iran bis Indien. Diese Skorpione leben überwiegend unter subtropisch-aridem Wüstenklima und tropischem Sommerregenklima.

Von den teils recht ähnlich aussehenden Arten der Gattungen *Androctonus* und *Buthus* unterscheidet sich *Hottentotta* u.a. durch eine Doppelreihe kurzer Dornen an der Unterseite von Basitarsus und Tarsus (*Androctonus*: Haare oder Bürsten) sowie durch das Fehlen der für *Buthus* typischen leierförmigen Carapax-Kiele. Die Oberseite von *Hottentotta* ist kräftig granuliert.

Lebensraum

Hottentotta spp. besiedelt trockene und sehr warme Biotope wie Halbwüsten und Wüsten, kommt aber auch in äquatorialen Savannen und Savannenwäldern vor. Man trifft diese Skorpione meist unter Steinen und Fallholz oder unter der losen Rinde von Bäumen an.

Hottentotta franzwerneri franzwerneri besitzt wie alle Arten der Gattung eine stark gekörnte Cuticula.
Foto: W. Schmidt

Hottentotta franzwerneri (BIRULA, 1914)

Hottentotta franzwerneri gentili, ein Buthide mit großer Giftblase und deutlich behaartem Metasoma.
Foto: R. Lippe

Größe
Mit einer Gesamtlänge von 8 bis 10 cm zählt diese Art zu den mittelgroßen Skorpionen.

Äußere Merkmale
Die Unterart *H. f. gentili* ist einheitlich mattschwarz gefärbt, nur Scherenhände und Giftblase sind dunkel- bis rötlich braun. *H. f. franzwerneri* ist im Ganzen heller gefärbt, die Laufbeine sind hellbraun bis gelb wie die Scherenfinger. Scheren, Beine und Metasoma sind bei beiden Unterarten leicht behaart. Das Telson ist groß.

Giftigkeit
Sehr schmerzhafte Stiche mit der Gefahr kardialer und zentralnervöser Symptomatik.

Hottentotta franzwerneri gentili (Buthidae), Algerien. Foto: W. Schmidt

Haltung und Zucht
Die Tiere benötigen ein Trockenterrarium mit einer etwa fünf Zentimeter hohen Sandschicht, in der sie sich unter einem Stein eingraben können. Einige Holzstücke und eine flache Wasserschale vervollständigen die Einrichtung. Bei dieser Art ist eine paarweise Haltung in einem Terrarium von 20×30×20 cm (L×B×H) möglich.
Tagsüber kann die Haltungstemperatur 30 bis 35 °C betragen und sollte in der Nacht auf 20 bis 25 °C fallen. Während der Wintermonate

kann man die Temperatur auf 15 °C oder weniger absenken. Von einer erfolgreichen Zucht dieser Art ist bisher nichts bekannt.

Futter

Diese geschickten Jäger erbeuten an Wirbellosen alles, was sie überwältigen können. Gefüttert werden sie mit Heuschrecken, Schaben, Grillen und Heimchen, Raupen der Wachs- oder Mehlmotte, mit *Zophobas*-Larven usw.

Hottentotta hottentotta (FABRICIUS, 1787)

Lebensraum

Die Art kommt auf stark verdichteten Sandböden in Halbwüsten vor, in Gras- und Busch-Baum-Savannen, tropischen Trockenwäldern usw. Man findet sie unter Steinen und Rinde oder in Termitenbauten. In der Regenzeit ist diese Art in Westafrika gelegentlich auch tagsüber aktiv, um z.B. schwärmende Termiten zu fangen.

Größe

Mit etwa 7 bis 10 cm Gesamtlänge zählt dieser Skorpion zu den mittelgroßen Arten.

Äußere Merkmale

Die Tiere sind einheitlich schmutzig braungelb gefärbt. Das relativ dicke Metasoma trägt eine große Giftblase.

Giftigkeit

S. *H. franzwerneri*

Haltung und Zucht

Will man keine Verluste in Kauf nehmen, so ist bei dieser Art Einzelhaltung unerlässlich. Ein Tier benötigt ein Terrarium von 20×30×20 cm (L×B×H), das neben einer Bodenschicht aus grobem Sand bzw. Lehm einige flache Steine und eine Wasserschale enthält.

Bei dieser Art ist eine warm-trockene Haltung bei tagsüber 30 bis 35 °C angebracht, wobei die Temperatur nachts auf 20 bis 25 °C abgesenkt werden kann. Die Wohnverstecke sollten etwas feuchter gehalten werden, um einem Austrocknen der Tiere vorzubeugen. Nachrichten über eine erfolgreiche Zucht liegen bislang noch nicht vor. Nach LOURENÇO & CUELLAR (1994) könnte *H. hottentotta* in Teilen seines westafrikanischen Verbreitungsgebiets parthenogenetisch sein.

Futter

S. *H. franzwerneri*

Literatur

Taxonomie, Systematik, Verbreitung: VACHON (1952), LEVY & AMITAI (1980), SISSOM (1990).

Gattung *Isometrus* EHRENBERG, 1828

Geographische Verbreitung und Kennzeichen

Isometrus ist mit 15 Arten die einzige Skorpiongattung, die heute auf allen fünf Kontinenten vorkommt. Dies hat sie allerdings der Verschleppung durch den Menschen zu verdanken. Der Ursprung von *Isometrus* liegt vermutlich in der indo-orientalischen Region (tropisches Sommerregenklima).

Lebensraum

Die *Isometrus*-Arten sind häufig in Falllaub und in Holzhaufen zu finden. Steine suchen sie weniger gerne auf, auch graben sie wohl kaum.

Isometrus maculatus (DEGEER, 1778)

Größe

Bei dieser Art werden die Weibchen 4 bis 5 cm lang, wogegen die Männchen 7 bis 8 cm erreichen können.

Äußere Merkmale

Beide Geschlechter weisen bei dunkel-honigbrauner Grundfärbung helle Querbinden oder -streifen auf, wobei der Rücken des Männchens nur drei Streifen trägt. Unter dem Stachel steht

Mutter und Kind des Kosmopoliten ***Isometrus maculatus*** sind auffallend gezeichnet. Foto: H. Fischer

ein deutlicher Subakuleardorn. *I. maculatus* zeichnet sich durch einen ausgeprägten Sexualdimorphismus aus. Die männlichen Tiere verfügen über wesentlich längere Pedipalpen und ein deutlich längeres Metasoma als die Weibchen.

Giftigkeit

Die Stiche können vorübergehend stark schmerzen, haben aber keine systemischen Wirkungen.

Haltung und Zucht

Erwachsene *I. maculatus* können in Gruppen gehalten werden, wobei ein Terrarium mit 30×30 cm Grundfläche für sechs bis acht Tiere ausreicht. Der Bodengrund sollte aus einem Laub-Erde-Gemisch bestehen, auf dem man einige grobrindige Äste verteilt. Die Blattachseln von eingepflanzten Bromelien werden von den Tieren gerne als Versteck genutzt.

Diese Art benötigt ein feuchtwarmes Klima mit Temperaturen von 26 bis 28 °C und 80% relativer Luftfeuchtigkeit.

Die Paarung läuft nach dem für Skorpione üblichen Schema ab. Eine Besamung kann für mehrere Geburten „ausreichen". Nach einer Trächtigkeitsperiode von 75 bis 80 Tagen werden 17 bis 20 Jungtiere geboren. Etwa vier Tage später häuten sie sich erstmals, um im Alter von zwei bis drei Wochen den Rücken der Mutter zu verlassen.

Die Aufzucht der Jungen erfolgt zu dritt oder zu viert in Kleinstbecken. Es kann aber auch Einzelhaltung notwendig werden, da diese Skorpione gelegentlich zu Kannibalismus neigen. Als Erstfutter erhalten sie Springschwänze, und schon nach vierzehn Tagen verzehren sie kleine *Drosophila* und frisch geschlüpfte Heimchen.

Futter
Diese Skorpione fressen Heimchen, Grillen, Heuschrecken, Schaben, Mehlwürmer und *Zophobas*-Larven.

Literatur
Systematik, Taxonomie und Verbreitung: SISSOM (1990). Verhalten und Ökologie: PROBST (1972).

Gattung *Leiurus* EHRENBERG, 1828

Monotypische Gattung (enthält nur eine Art)

Leiurus quinquestriatus EHRENBERG, 1828

Geographische Verbreitung und Kennzeichen
L. quinquestriatus hat ein ausgedehntes Verbreitungsgebiet, das von Algerien und Libyen bis Niger, Tschad, Sudan und Ägypten, ferner über die Arabische Halbinsel und den Nahen Osten bis zur Türkei reicht.
Leiurus trägt auf den vorderen beiden Mesosomasegmenten fünf deutliche Kiele (Körnerstrukturen der Cuticula). Auf den folgenden fünf Metasomasegmenten sind nur drei Kiele zu erkennen. Besonders Jungtiere besitzen ein dunkel gefärbtes, manchmal sogar schwarzes fünftes Metasomasegment, das sich vom sonst gelben bis leicht orange gefärbten Körper deutlich abhebt. Bei Adulten kann die Färbung des fünften Metasomasegments verblasst sein. Das Telson ist meist satt gelb.

Lebensraum
L. quinquestriatus kommt auf einer Vielzahl von Bodentypen vor (Lehm-Löss-Böden, Stein- und Felswüste), meidet aber Sanddünengebiete. Dieser Halbwüsten- und Wüstenbewohner dehnt sein Verbreitungsgebiet in Israel z.Zt. Richtung Mittelmeerküste aus (s.a. „Skorpione global gesehen“). Die Tiere verstecken sich tagsüber in flachen selbstgegrabenen Mulden unter großen Steinen.

Größe
Mit einer Gesamtlänge von 5 bis 10 cm (in Ausnahmefällen bis 13 cm) gehört dieser Skorpion zu den mittelgroßen Arten. Unterschiede in der Adultgröße können herkunftsspezifisch sein.

Giftigkeit
Sehr schmerzhafte Stiche mit der Gefahr kardialer und zentralnervöser Symptomatik. *L. quinquestriatus* ist eine der gefährlichsten Skorpionarten, die zudem sehr stechfreudig ist. Bei der Haltung dieser Art sind alle sicherheitsrelevanten Maßnahmen unbedingt einzuhalten!

Haltung und Zucht
Für die Haltung eines Pärchens benötigt man ein Terrarium mit den Maßen 20×30×20 cm (L×B×H). Als Substrat wählt man eine etwa acht bis zehn Zentimeter hohe Sandschicht, die man im unteren Drittel leicht feucht halten sollte. Einige flache Steine und eine Trinkschale ergänzen das Inventar.
Als Bewohner warmer Regionen benötigen diese Skorpione tagsüber Temperaturen von 30 bis 35 °C; nachts Absenkung auf 20 bis 25 °C.
Die Paarung verläuft recht „stürmisch“, insgesamt jedoch nach dem von anderen Skorpionen bekannten Schema. Nach einer durchschnittlichen Tragzeit von fünf Monaten werden fünf bis fast Hundert Junge geboren. Schon vor der Geburt sollte das Weibchen auf jeden Fall von anderen Tieren separiert werden, um Verluste durch Kannibalismus auszuschließen. Es kommt auch hin und wieder vor, dass die Mutter ihre eigenen Jungtiere vom Rücken „pflückt“ und verzehrt. Dies geschieht allerdings nur dann, wenn

kein Trinkwasser vorhanden ist. Ansonsten bereitet die Aufzucht der kleinen Skorpione keine Schwierigkeiten.
Bereits nach 36 Stunden haben sich fast alle Neugeborenen gehäutet. Nach zehn Tagen verlassen sie den Rücken der Mutter. Danach kann man sie in Gruppen von vier bis sechs Tieren in Kleinstbehältern halten (bei Anzeichen von Geschwisterkannibalismus trennen). Sie fressen zunächst kleine, doch schon nach etwa vier Wochen große *Drosophila* und frisch geschlüpfte Heimchen. Im Alter von etwa acht Monaten, nach acht bis neun Häutungen, ist *L. quinquestriatus* bereits geschlechtsreif.

Leiurus quinquestriatus (Libyen). Foto: K. E. Linsenmair

Futter
Diese Art frisst mittelgroße Heimchen und Grillen, kleine Wanderheuschrecken, Getreideschimmelkäfer und deren Larven, Asseln, Spinnen, Mehlwürmer usw.

Literatur
Taxonomie: LEVY & AMITAI (1980), VACHON (1952). Verhalten, Ökologie, Haltung: ABUSHAMA (1968), BRAENDLE (1995), FLATT (1991).

Gattung *Parabuthus* POCOCK, 1890

Geographische Verbreitung und Kennzeichen
Der Siedlungsraum der 31 *Parabuthus*-Arten erstreckt sich von Südafrika über Namibia, Angola und Zaire bis Sudan, Somalia und zur Rotmeerküste der Arabischen Halbinsel (Jemen, Saudi-Arabien). In diesen Ländern herrschen überwiegend subtropisch-aride Klimabedingungen bzw. tropisches Sommerregenklima.
Neben einigen anderen Merkmalen lässt sich *Parabuthus* v.a. durch das Vorhandensein von Stridulationsrillen auf der Rückenfläche von Metasomasegment I, in geringerem Umfang auch auf Segment II, von anderen Buthidengattungen trennen.

Viele der 14 *Parabuthus*-Arten Namibias leben in steinigen Habitaten. Foto: D. Mahsberg

Lebensraum
Die *Parabuthus*-Arten sind das ökologische „Gegenstück" zum nordafrikanischen *Androctonus* und bewohnen Wüsten und verschiedene Savannentypen, wo sie sich unter Steinen und Fallholz oder in selbstgegrabenen flachen Erdhöhlen verbergen. Manche Arten haben sich zu Kulturfolgern entwickelt und sind immer wieder auch in Häusern anzutreffen.

Parabuthus villosus (PETERS, 1862)

Größe
Mit einer Gesamtlänge von 10 bis 12 cm ist diese Art zu den mittelgroßen Skorpionen zu rechnen.

Äußere Merkmale
Der Körper ist ober- und unterseits kastanienbraun, etwas heller sind die Pedipalpen. Die Laufbeine sind bernsteinfarben. Das Metasoma ist deutlich breiter als die Pedipalpen. Metasoma und besonders das große Telson sind rotbraun behaart.

Giftigkeit
Sehr schmerzhafte Stiche mit der Gefahr kardialer und zentralnervöser Symptomatik. Das milchige, nach Meerrettich riechende Gift kann auch auf über einen Meter Distanz verspritzt werden und die Augen gefährden. Stechfreudige Art, mit der man vorsichtig umgehen muss.

Haltung und Zucht

P. villosus ist ein ausgesprochener Kannibale, den man außerhalb der Paarungszeit einzeln halten sollte. Die Abmessungen des Behälters sollten mindestens 20×20×20 cm (L×B×H) betragen. Als Substrat wählt man eine etwa zehn Zentimeter hohe Sandschicht oder Sand-Lehm-Schicht (je nach Substrattiefe ist die Behälterhöhe entsprechend anzupassen). Als Versteck dienen die Spalten unter bzw. zwischen Steinplatten. Eine Trinkschale darf nicht fehlen. *P. villosus* ist gelegentlich auch tagaktiv.

Die Tiere benötigen Temperaturen von etwa 30 °C, die man nachts absenkt. Lokal kann ein Spot die Steine auf 35 bis 40 °C erwärmen. Die relative Luftfeuchtigkeit sollte nachts ansteigen, was man erreicht, indem man ein Viertel der Bodenfläche leicht feucht hält. Damit erübrigt sich Übersprühen des Terrariums, was bei diesen trockenadaptierten Skorpionen dann auch zu viel des Guten wäre.

P.-villosus-Weibchen sind drei bis vier Monate trächtig und bringen dann zwischen 30 und 60 Junge zur Welt, die als Larven auffällig zitronengelb gefärbt sind. Nach der ersten Häutung muss man die Kleinen einzeln halten, da sie sich sonst gegenseitig fressen. Dank ihres schnell wirkenden Gifts können die stechfreudigen Jun-

Kurz nach der Geburt seiner quittengelben Jungen frisst ein Weibchen von ***Parabuthus villosus*** nichtentwickelte Eier auf. Foto: D. Mahsberg

gen schon von Anfang an mit verhältnismäßig großen Insekten gefüttert werden.

Futter

P. villosus verzehrt alles, was er überwältigen kann, vom Heimchen bis zur Wanderheuschrekke.

Literatur

Taxonomie, Systematik, Verbreitung: LAMORAL (1979), SISSOM (1990). Ökologie, Verhalten: HARINGTON (1982), REIN (1993).

Gattung *Tityus* C. L. KOCH, 1836

Geographische Verbreitung und Kennzeichen

Die mehr als 100 Arten dieser Skorpiongattung sind in ganz Mittel- und Südamerika sowie auf den Westindischen Inseln zu finden.
Der bei allen *Tityus* vorhandene Subakulearstachel ist insofern kein eindeutiges Merkmal, als solche Strukturen auch in der nah verwandten Buthidengattung *Centruroides* oder bei *Isometrus* sowie bei einigen Arten anderer Familien vorkommen können. Für die verlässliche Bestimmung der Gattung *Tityus* muss man v.a. die Trichobothriotaxie sowie Merkmale der Scherenfingerzähne heranziehen.
Diese neotropischen Skorpione leben überwiegend unter äquatorialem Tageszeiten- bzw. tropischem Sommerregenklima.

Einer der an Skorpionen reichsten Lebensräume der Erde: Baja California in Mexiko. Foto: H. Werning

Lebensraum

Tityus-Skorpione halten sich in Urwäldern, aber auch an Waldrändern oder in Savannengebieten auf, wo man sie unter umgestürzten Bäumen, im Laub, unter Steinen oder in Termitenbauten finden kann. Diese meist sehr agilen Tiere klettern gern und sind z.B. auch in Bananenstauden und Bromelien oder in Baumkronen anzutreffen.

Tityus paraensis (KRAEPELIN, 1896) (=*Tityus cambridgei* POCOCK)

Größe

Die Gesamtlänge dieser mittelgroßen Art beträgt 8 bis 10 cm.

Äußere Merkmale

Von der dunkelbraunen Grundfärbung heben sich die Scherenspitzen und das Metasoma schwarz ab.

Giftigkeit

Sehr schmerzhafte Stiche mit kardialer und zentralnervöser Symptomatik. Bei der Haltung dieser Art sind alle sicherheitsrelevanten Maßnahmen unbedingt einzuhalten!

Haltung und Zucht

Der Behälter für ein Pärchen *T. paraensis* sollte 30×40×20 cm (L×B×H) groß und mit einem Sand-Laub-Erde-Substrat beschickt sein. Als Verstecke dienen einige Rindenstücke. Wichtig ist eine Trinkschale.
Die Temperatur sollte tagsüber 30 bis 35 °C betragen und in der Nacht bis auf etwa 25 °C absin-

ken. Tägliches Überbrausen ergibt die nötige Luftfeuchtigkeit. Die Weibchen bringen einmal im Jahr etwa 30 bis 50 Jungtiere zur Welt, welche nach dem Verlassen der Mutter einzeln aufgezogen werden müssen.

Futter
Dieser Skorpion nimmt als Futter mittelgroße Heimchen und Grillen, kleine Wanderheuschrekken, Getreideschimmelkäfer und deren Larven, Asseln, Spinnen und Mehlwürmer an.

Tityus serrulatus LUTZ & MELLO, 1922

Größe
Mit 6 bis 8 cm Gesamtlänge gehört dieser Skorpion zu den mittelgroßen Skorpionarten.

Äußere Merkmale
Prosoma und Mesosoma dieser Art sind schwarz, Metasoma und Telson sind heller braun. Beine und Pedipalpen sind bis auf die dunklen Scherenfinger gelblich gefärbt.

Giftigkeit
T. serrulatus gilt als die giftigste Art Südamerikas und ist einer der gefährlichsten Skorpione überhaupt, der als Kulturfolger jährlich zu vielen schweren, oft auch tödlichen Unfällen führt. Sehr schmerzhafte Stiche mit kardialer und zentralnervöser Symptomatik, wobei in ernsten Fällen Antiserumgabe (i.v.) zu erwägen ist. Bei der Haltung dieser Art sind alle sicherheitsrelevanten Maßnahmen unbedingt einzuhalten!

Tityus spec. (Buthidae) aus den Neotropen. Foto: D. Mahsberg

Haltung und Zucht

In einem Terrarium von 20×30×20 cm (L×B×H) lassen sich zwei Tiere pflegen. Auf dem Sandboden sind einige Steine oder leicht gewölbte Rindenbrücken als Verstecke zu verteilen.

Die Haltungstemperatur sollte tagsüber 30 bis 35 °C betragen und in der Nacht bis auf 25 °C absinken. Eine Trinkschale und einmaliges tägliches Übersprühen des Behälters garantieren die notwendige Feuchtigkeit. Von *T. serrulatus* sind bisher keine zweigeschlechtlichen Populationen bekannt, weshalb sich die Art wohl obligat parthenogenetisch fortpflanzt. Nach einer Tragzeit von über vier Monaten bringt das Weibchen etwa 20 Junge zur Welt, die folglich alles Schwestern sind.

Futter

Diese geschickten Jäger fangen an Wirbellosen alles, was sie überwältigen können. Gefüttert werden sie mit Heuschrecken, Grillen und Heimchen, Schaben, Raupen der Wachs- oder Mehlmotte, mit *Zophobas*-Larven, Fliegen usw.

Familie Scorpionidae LATREILLE, 1802

Gattung ***Heterometrus*** EHRENBERG, 1828

Geographische Verbreitung und Kennzeichen

Diese Gattung ist mit 21 Arten (in fünf Untergattungen) über den gesamten Indischen Subkontinent (einschließlich Sri Lanka), Südostasien und große Teile Indonesiens verbreitet. Im Gegensatz zur Schwestergattung *Pandinus* kommen die teils sehr ähnlichen *Heterometrus*-Arten nie aus Afrika. Sie leben unter tropischen Sommerregenbedingungen bzw. unter äquatorialem Tageszeitenklima.

Während sowohl *Pandinus* als auch *Heterometrus* unterseits der Metasomaringe I bis IV zwei Mittelkiele tragen (Merkmal der Unterfamilie Scorpioninae), hat *Heterometrus* mit insgesamt 48 Trichobothrien je Pedipalpus knapp die Hälfte weniger als *Pandinus*.

COUZIJN (1981) teilt die von ihm revidierte Gattung *Heterometrus* in mehrere Untergattungen ein, deren Namen jeweils in Klammern angegeben sind. Von *Heterometrus* spp. sind viele Unterarten bekannt. *H. longimanus* kommt z.B. in neun Unterarten vor, was die Art sehr variabel macht. Die Nominatform von *H. l. longimanus* kommt aus Sumatra.

Bei diesem ***Heterometrus*** ist die weiße Haut der Afteröffnung gut zu sehen, die am Ende des fünften Metasomasegments mündet. Foto: R. Lippe

Lebensraum

Die Arten dieser Gattung bevorzugen tropische Feucht- und Trockenwälder und deren Randgebiete und kommen an bewaldeten Hügeln und Abhängen vor. Sie leben unter umgestürzten

Heterometrus fulvipes (Scorpionidae), ein sozialer Skorpion aus Indien. Foto: D. Mahsberg

Heterometrus indus (Scorpionidae) aus Sri Lanka unmittelbar vor der Häutung. Foto: D. Mahsberg

Bäumen, unter loser Rinde, in Baumhöhlen, zwischen Wurzeln und im Falllaub. Sie nutzen natürliche Löcher oder graben selbst tiefe Bauten, z.T. unter Steinen oder Baumwurzeln. Manche *Heterometrus*-Arten sind untereinander sehr verträglich und können in (Geschwister-)Gruppen gehalten werden, wobei Männchen mit der Zeit allerdings aggressiv werden und dann einzeln untergebracht werden müssen. Alle *Heterometrus*-Arten sind langlebig und können teils über zehn Jahre alt werden.

Heterometrus (Heterometrus) longimanus (HERBST, 1800)

Größe
Manche Exemplare dieser Art können eine Länge von 12, maximal sogar von 15 cm erreichen und zählen damit zu den großen Skorpionarten.

Äußere Merkmale
Die Tiere sind einheitlich schwarz oder dunkelolivgrün gefärbt, lediglich die große Giftblase hebt sich gelegentlich rötlichbraun ab. Diese Skorpione besitzen große und kräftig gebaute Scheren, wobei die Scherenhände der Weibchen breiter sind als die der Männchen. Wie bei allen Scorpionidae sind die Kammzähne der Männchen länger als die der Weibchen.

Giftigkeit
Die *Heterometrus*-Arten zählen zu den gering giftigen Skorpionen, deren Stich zwar momentan recht weh tun kann, aber keine systemischen Wirkungen verursacht.

Haltung und Zucht
Das Becken zur Pflege eines Paares sollte eine Größe von mindestens 20×30×20 cm (L×B×H) aufweisen. Da die Tiere in der Natur auch in kleinen Gruppen leben, zum Beispiel in Termitenbauten, ist bei guter Fütterung auch eine Vergesellschaftung in einem großen Behälter möglich. Als Bodengrund eignet sich hier ein Sand-Laub-Erde-Gemisch, in dem diese Skorpione unter einer Wurzel oder einem Rindenstück ihre Höhlen graben. Das Substrat ist immer etwas feucht zu halten. Eine Trinkschale darf niemals fehlen.
Tagestemperatur um 28 °C, lokal bis 35 °C; Nachtabsenkung auf etwa 20 bis 25 °C. Durch regelmäßiges Sprühen sollte man die Luftfeuchtigkeit möglichst hoch halten.

Futter
Diese kräftigen Skorpione verzehren große Insekten wie Heimchen, Grillen, Wanderheuschrecken, große Schaben, Mehlwürmer und *Zophobas*-Larven, außerdem Regenwürmer und auch tote Beute.

Heterometrus (Chersonesometrus) scaber (THORELL, 1876)

Lebensraum
Tropische Wald- und Hügelhabitate, in natürlichen oder selbstgegrabenen Höhlen wie *H. longimanus*.

Größe
Ausgewachsene Exemplare können eine Gesamtlänge von 10 bis 12 cm erreichen und gehören damit zu den größeren Skorpionarten.

Äußere Merkmale
H. scaber ist einfarbig matt- oder glänzend schwarz. Seine Scherenhände sind groß und kräftig.

Giftigkeit
S. *H. longimanus*

Haltung und Zucht
Diese Art benötigt geräumige Terrarien von etwa 40×30×20 cm (L×B×H). Neben Einzelhaltung lassen sich auch mehrere Tiere vergesellschaften. Bodengrund und Einrichtung siehe *H. longimanus*.
Über eine erfolgreiche Zucht liegen noch keine Angaben vor. Ein trächtig importiertes Weibchen brachte 35 Junge zur Welt. Sie wurden in Fünfergruppen auf Kleinstterrarien von 15×15×15 cm (L×B×H) verteilt. Als Substrat diente auch hier eine feucht gehaltene Laub-Erde-Mischung. Zunächst wurden kleine und große *Drosophila* gereicht, doch schon nach vier Wochen verzehrten die Jungskorpione auch kleine Heimchen.
Tagestemperatur um 28 °C, lokal bis 35 °C; Nachtabsenkung auf etwa 20 bis 25 °C. Durch regelmäßiges Sprühen sollte man die Luftfeuchtigkeit möglichst hoch halten.

Futter
S. *H. longimanus*

Heterometrus (Gigantometrus) swammerdami (SIMON, 1872)

Lebensraum
Die Art besiedelt tropische Wälder, wo sie in Höhlen unter umgestürzten Bäumen oder in Termitenbauten anzutreffen ist.

Größe
H. swammerdami gehört zu den größten Skorpionarten (Untergattungsname!) und kann eine Länge von 14 bis 17 cm erreichen.

Äußere Merkmale
Diese Art ist glänzend schwarz gefärbt; nur die Pedipalpen sind mattschwarz. Im Verhältnis zur Gesamtgröße ist die Giftblase recht klein. Dafür hat *H. swammerdami* ausgesprochen breite und kräftige Scherenhände. Dieser Skorpion wird oft mit dem afrikanischen *Pandinus imperator* verwechselt, dem er sehr ähnlich ist.

Giftigkeit
S. *H. longimanus*. *H. swammerdami* kann mit seinen Scheren äußerst kräftig zwicken.

Haltung und Zucht
Bei dieser großen Art sollte das Terrarium mindestens 20×30×20 cm (L×B×H) groß sein. Einzelhaltung ist empfehlenswert. Als Substrat empfiehlt sich eine Laub-Erde-Mischung, die man zur Hälfte mit einer etwa fünf cm hohen Laubschüttung bedeckt, unter welche sich die Tiere gern zurückziehen. Die Tagestemperatur von 28 bis 32 °C kann nachts abgesenkt werden. Häufigeres Überbrausen des Behälters mit lauwarmem Wasser sorgt für ausreichend hohe Luftfeuchtigkeit. Über eine erfolgreiche Zucht ist bisher nichts bekannt. Nach RAO & HABIBULLA (1973) bekommt *H. swammerdami* in Indien zwischen Mai und Juli 48 und mehr Junge.

Diesen asiatischen ***Heterometrus swammerdami*** kann man leicht mit seinem afrikanischen Vetter *Pandinus imperator* verwechseln. Foto: W. Schmidt

Futter
S. *H. longimanus*

Heterometrus (Javanimetrus) cyaneus (C. L. KOCH, 1836)

Lebensraum
Diese Art bewohnt tropische Waldgebiete auf Java, Sumatra und teils auch auf Borneo, wo sie in selbstgegrabenen oder übernommenen Höhlen unter Wurzeln, Fallholz usw. lebt und auch unter Rinde an Bäumen zu finden ist.

Größe
H. cyaneus ist ein mittelgroßer Skorpion von 10 bis 12 cm Länge.

Äußere Merkmale
Die Tiere sind je nach Herkunft dunkelbraun bis schwarz gefärbt und glänzen dabei dunkelblaumetallisch. Dieser Skorpion besitzt in beiden Geschlechtern sehr kräftige Scheren und ein relativ langes und dünnes Metasoma mit einer kleinen Giftblase.

Giftigkeit
S. *H. longimanus*

Haltung und Zucht
Angesichts der geringen innerartlichen Aggressivität lassen sich drei bis vier Tiere in einem Terrarium von 30×30 cm Bodenfläche vergesellschaften. Der Bodengrund sollte aus einem Laub-Erde-Gemisch bestehen, auf dem man einige Rindenstücke als Versteckplätze verteilt.
H. cyaneus beansprucht tagsüber Temperaturen von 28 bis 30 °C, die nachts bis auf 25 °C abgesenkt werden. Regelmäßiges Überbrausen sorgt für die nötige Feuchtigkeit. Eine flache Trinkschale darf nicht fehlen.
Bei der Paarung scheint das Weibchen die aktivere Rolle zu spielen. Etwa zehn bis zwölf Wochen später bringt es 20 bis 25 Jungtiere zur Welt, die noch drei bis vier Wochen auf seinem Rükken ausharren. Ihre Aufzucht sollte in Gruppen aus drei bis fünf Tieren in Kleinstterrarien (Grundfläche etwa 10×10 cm) erfolgen. Als Erstfutter bietet man kleine *Drosophila* und frisch geschlüpfte Heimchen an. Etwa vierzehn Tage nach der ersten Häutung fressen die Jungen schon große Fruchtfliegen.

Futter
S. *H. longimanus*

Literatur
Taxonomie, Systematik, Verbreitung: COUZIJN (1981), SISSOM (1990). Ökologie, Verhalten: NEMENZ (1967), MAHSBERG (2000).

Gattung ***Pandinus*** THORELL, 1876

Geographische Verbreitung und Kennzeichen
Das Verbreitungsgebiet dieser Scorpionidengattung reicht von West- bis Zentralafrika (äquatoriales Tageszeitenklima bis tropisches Sommerregenklima). Die Gattung mit ihren 20 bis 25 Arten bedarf einer dringenden Revision. Bekannt und taxonomisch gut fassbar sind die drei unter das Washingtoner Artenschutzübereinkommen fallenden *P. imperator*, *P. dictator* und *P. gambiensis* (siehe „Skorpione und Artenschutz“). Innerhalb der Scorpionidae sind die *Pandinus*-Arten am einfachsten über ihre hohe Trichobothrienzahl zu identifizieren (und dadurch z.B. von *Heterometrus* unterscheidbar): 26 oder mehr Trichobothrien an der Scherenhand und 22 bis über 30 an der Pedipalpentibia (davon allein 13 an der Außenseite).

Pandinus imperator (KOCH, 1841)

Kaiserskorpion

Lebensraum
Der Kaiserskorpion bewohnt Busch-Baum- und Gras-Savannen, Savannen- und Galeriewälder sowie Regenwaldgebiete. Sein Verbreitungsgebiet zeichnet sich durch tropisches Sommerregen- bzw. äquatoriales Tageszeitenklima aus. Er lebt in übernommenen oder selbstgegrabenen Erdhöhlen, die bis in 30 cm Tiefe reichen und sich je nach Gruppengröße auch verzweigen können. Häufig findet man ihn auch unter umgestürzten Baumstämmen oder unter großen Steinbrocken. Kaiserskorpione benutzen auch die bodennahen Luftschächte in den zerklüfteten Bauten abgestorbener Großtermitenkolonien als Versteck. Als typische Ansitzjäger verlassen sie ihre Höhlen selten. *Pandinus imperator* ist eine der wenigen sozial lebenden Skorpionarten. Er kann über zehn Jahre alt werden.

Größe
Mit einer Gesamtlänge bis 20 cm und einem durchschnittlichen Gewicht von 20 bis 30 g gehört der Kaiserskorpion zu den größten Skorpionarten.

Äußere Merkmale
Die glänzend lackschwarzen Tiere schimmern je nach Beleuchtung metallisch blau bis dunkel-

Kaiserskorpion (***Pandinus imperator***) im Comoé-Nationalpark/Elfenbeinküste. Foto: D. Mahsberg

olivgrün. *P. imperator* besitzt sehr große und breite Scherenhände (wobei die der Weibchen breiter sind), mit denen er auch harte Käfer und Tausendfüßer festzuhalten und zu töten vermag. Sein Körper wirkt massig und je nach Ernährungszustand bzw. bei trächtigen Weibchen auch recht breit. Am kräftigen Metasoma sitzt ein bei Adulten rotbraun gefärbtes Telson (bei Jungtieren ist es weiß), das Erbsengröße erreichen kann.

Giftigkeit

Wegen ihres schwachen Gifts sind die *Pandinus*-Arten zu den gering giftigen Skorpionen zu zählen, deren Stich zwar kurzzeitig weh tun kann, aber keine systemischen Wirkungen verursacht. Außerdem sind besonders adulte Tiere sehr stechfaul und setzen eher die kräftigen Scheren zur Verteidigung ein.

Haltung und Zucht

Ein Behälter zur Pflege mehrerer Kaiserskorpione sollte die Maße von 60×30×30 cm nicht unterschreiten. Eine Gemeinschaftshaltung ganzer Familienverbände (Mutter mit Jungen) verlief in Terrarien von 80×40×40 cm (L×B×H) über Jahre erfolgreich. Diese sozialen Skorpione lassen sich in Gruppen halten, da Kannibalismus bei dieser Art selten vorkommt, selbst,

Hier wohnt ein Kaiser: Lebensraum des Kaiserskorpions ***Pandinus imperator*** (rechts unten) im Primärwald des Tai-Nationalparks/Elfenbeinküste. Fotos: D. Mahsberg

wenn die Tiere „knapp“ gehalten werden oder sich häuten. Mit dem Zusammensetzen fremder Individuen sei man aber vorsichtig, da diese Skorpione „fremd“ bzw. „bekannt“ am Geruch erkennen können. Eine Eingewöhnungszeit im gleichen Behälter, aber bei vorhandener Drahtgazetrennwand, kann Kämpfe vermeiden helfen. Trächtige Weibchen sollte man von anderen Tieren isolieren oder ausreichend viele Versteckplätze anbieten. Weibchen verteidigen Höhle und Neugeborene gegen Artgenossen, verletzen sie dabei aber selten ernsthaft. Ab dem vierten oder fünften Entwicklungsstadium sollte man Brüder von ihren Schwestern trennen, um Inzuchtverpaarungen zu vermeiden.

Als Bodengrund für das *Pandinus*-Terrarium nehme man ein grabfähiges Sand-Erde-Gemisch. Unter flachen Steinplatten, Wurzelstrünken und gewölbten Korkeichenrindenstücken finden diese Skorpione bei ausreichend tiefem Substrat gute Möglichkeiten, ihre Höhlen anzulegen. Man achte aber darauf, dass schwere Einrichtungsgegenstände beim Unterhöhlen nicht einstürzen und Skorpione erdrükken. Eine auslaufsichere flache Trinkschale darf nicht fehlen.

Setzt man ein Pärchen Kaiserskorpione zusammen, sollte man zunächst mit zwei kräftigen Pinzetten „bewaffnet“ bereit stehen, um die Tiere bei „Nichtgefallen“ wieder trennen zu können. Meist beginnt das Männchen aber unmittelbar mit dem Balzverhalten, „tanzt“ mit seiner Partnerin, sticht sie gelegentlich in den Pedipalpus und setzt schließlich seine Spermatophore auf einem Stück Rinde, einem Stein usw. ab. Nach der Spermienaufnahme durch das Weibchen trennen sich die Partner schnell.

Nach meist monatelanger Tragzeit (im Durchschnitt etwa ein Jahr) bringt das Weibchen zehn bis 30 Junge zur Welt, die es noch etwa zwei Wochen auf dem Rücken mit sich herumträgt. Man kann kleine Kaiserskorpione nach der ersten Häutung ohne weiteres bei der Mutter lassen, an deren Mahlzeiten sie sich beteiligen. Da das Weibchen z.B. eine gefangene große Heuschrecke bei Anwesenheit der sich sofort um sie versammelnden Jungen ablegt und selbst kaum daran frisst, sollte man bei langer Mutter-Kind-Gemeinsamkeit darauf achten, dass sie nicht zu stark an Gewicht verliert und evtl. sogar verhungert.

Kaiserskorpione sind bereits im zweiten Stadium in der Lage, mittelgroße Heimchen, kleine Schaben usw. zu fangen.

Futter

Kaiserskorpione erbeuten im Terrarium meist alles, was sie überwältigen können, z.B. Grillen, Heimchen, Wanderheuschrecken, Schaben, Mehlwürmer, *Zophobas*-Larven oder Käfer. Sie nehmen auch frisch tote Beute an, was das Füttern von Jungtieren erleichtern kann. Leider kann man ihnen im Terrarium ihre „Leibspeise“ nicht bieten: die Geschlechtstiere von Großtermiten.

Literatur

Taxonomie, Systematik, Verbreitung: VACHON (1973), SISSOM (1990), LOURENÇO & CLOUDSLEY-THOMPSON (1996). Verhalten und Ökologie: CASPER (1985), MAHSBERG (1990, 1998, 2000). Haltung: GARNIER (1974), KRAPF (1988b), ROLF (1998).

Gattung *Scorpio* LINNÉ, 1758

Monotypische Gattung (enthält nur eine Art; allerdings sind bis zu 20 Unterarten beschrieben).

Scorpio maurus LINNÉ, 1758

Geographische Verbreitung und Kennzeichen

S. maurus kommt vom Senegal über Mauretanien, Marokko und ganz Nordafrika bis nach Ägypten und Äthiopien vor. Im Nahen Osten findet

man ihn von der Südtürkei bis Iran, das südliche Arabien und Indien. Er lebt je nach Herkunft unter mediterranen Winterregenbedingungen bzw. unter subtropisch-aridem Klima.
Scorpio ist als Gattung der Unterfamilie Scorpioninae nahe mit *Pandinus*, *Heterometrus* und *Opisthophtalmus* verwandt. Mit der letzten Gattung teilt *Scorpio* das Fehlen von Stridulationsstrukturen auf den Hüften der Pedipalpen und der ersten Laufbeine (was allerdings nicht leicht zu erkennen ist), hat im Gegensatz zu *Opisthophtalmus* aber nur 19 Trichobothrien auf der Tibia des Pedipalpus (13 externe, 2 interne, 3 ventrale, 1 dorsales).

Scorpio maurus palmatus, ein Bewohner der Negev-Wüste Israels. Foto: D. Mahsberg

Lebensraum

S. maurus besiedelt lichte Wälder sowie Halbwüsten- und Wüstengebiete, sofern sie Vegetation aufweisen. Er kommt auf allen Bodentypen vor, ist auf gut grabfähigem Lehm-Löss-Substrat aber besonders häufig anzutreffen. Als obligater Höhlenbewohner gräbt er (oft unter großen Steinen) schräg in den Boden gehende Gänge, die bis zu einen Meter lang sein können und einen halbmondförmigen Eingang besitzen. Winterregen schwemmen die Eingänge zu, die dann erst im Frühjahr wieder geöffnet werden. Diese Verstecke werden lebenslang beibehalten und „wachsen mit".

Neben hellen Unterarten (z.B. *S. m. tunetanus* aus Tunesien, *S. m. palmatus* aus Südisrael und dem Sinai) gibt es auch dunkelbraune bis fast schwarze Vertreter wie *S. m. fuscus* (Zentral- und Nordisrael) oder *S. m. mogadorensis* (Marokko).

Der dunkelbraune ***Scorpio maurus fuscus*** aus Galiläa/Israel lebt in selbst gegrabenen Höhlen, kommt aber auch unter großen Steinen vor. Foto: D. Mahsberg

Größe

Die Art erreicht eine Gesamtlänge von 6 bis 8 cm und gehört damit zu den mittelgroßen Skorpionen.

Äußere Merkmale

Der Körper der Nominatform ist glänzend hell- bis rotbraun gefärbt (Männchen sehen matter aus als Weibchen). Die Beine sind immer deutlich heller abgesetzt. Die im Verhältnis zum Körper äußerst breiten, dorsal gerundeten und kräftigen Scherenhände sind an den Fingerspitzen dunkel-rotbraun. Die Scherenhände der Männchen wirken gedrungener als die der Weibchen. Das Metasoma ist wie auch der Stachel relativ kurz.

Scorpio maurus tunetanus mit Jungen (Marokko). Foto: K. E. Linsenmair

Giftigkeit

S. maurus ist wenig stechfreudig und zählt zu den gering giftigen Skorpionen. Sein Stich ist mit dem einer Biene zu vergleichen und hat keine systemischen Wirkungen. Dafür kann er mit seinen starken Scheren kräftig zwicken.

Haltung und Zucht

Eine Gruppe von zwei bis drei Tieren kann man in einem Terrarium von 20×20×30 cm (L×B×H) halten. Allerdings sollte man sofort auf Einzelhaltung umstellen, wenn Unverträglichkeiten auftreten, da sich *S. maurus* mit den Scheren schwer verletzen können. Wichtig ist grabfähiger Boden (Lehm- Sandgemisch) von zehn bis 20 cm Tiefe. Man kann im leicht angefeuchteten Substrat mit einem kleinen Löffelstiel für jedes Tier einen leicht schrägen Höhlengang „vorgraben“, der meist sofort angenommen wird. *S. maurus* ist ein Bodenskorpion, der sich außerhalb seiner Höhle sehr „unwohl“ fühlt und dann dauernd in Abwehrstellung geht. Neben einigen flachen Steinen als zusätzlichem Unterschlupf ist eine Trinkschale wichtig. Obwohl diese Skorpione vorwiegend in ariden Gebieten leben, sind sie austrocknungsempfindlich und

verdursten, wenn man sie zu warm und zu trokken hält. Das Substrat sollte daher von unten immer leicht feucht sein.
Als Haltungstemperatur empfehlen sich tagsüber 30 bis 35 °C. Eine Nachtabsenkung auf 20 bis 25 °C ist angebracht; in Winterregengebieten (dem vorherrschenden Klima, unter dem diese Art lebt) überwintern die Tiere bei 10 bis 15 °C in ihrer Höhle.
Sein Versteck verlässt *S. maurus* meist nur zur Auswanderung aus der Geburtshöhle und zur Paarung. Im Frühjahr suchen die Männchen Weibchenhöhlen auf. Nach einer Trächtigkeitsperiode von zwei bis drei Monaten bringen die Weibchen im Sommer weniger als zehn oder auch über 40 Junge zur Welt. Sobald diese den Rücken der Mutter verlassen, sind sie auf Kleinstterrarien zu verteilen, in denen man im Substrat kleine Bodenhöhlen anlegt (z.B. durch schräges Einbohren eines Bleistifts). Jungen *S. maurus* kann man neben den üblichen Kleininsekten auch junge Asseln oder kleine Ameisen als Futter anbieten (dabei aber Vorsicht und nicht gefressene Tiere entfernen).

Futter
Als Futtertiere eignen sich Heimchen, Grillen, Schaben, halbwüchsige Wanderheuschrecken, Mehlwürmer, Käfer, Ameisen und Asseln.

Literatur
Taxonomie, Systematik, Verbreitung: VACHON (1952), LEVY & AMITAI (1980), SISSOM (1990). Ökologie, Verhalten: SHACHAK & BRAND (1983).

Familie Ischnuridae SIMON, 1879

Gattung ***Hadogenes*** KRAEPELIN, 1894

Geographische Verbreitung und Kennzeichen
Diese Altweltskorpione besiedeln mit zwölf Arten Südafrika, Namibia, Botswana, Simbabwe, Mosambik und Madagaskar. Sie leben in Gebieten mit tropischem Sommerregen, v.a. aber unter subtropischem Wüstenklima.
Hadogenes spp. sind ausgesprochen platt aussehende Tiere, die sich trotz ihrer Größe auch in enge Spalten zwängen können. Bei manchen Arten ist der schlanke Schwanz unverhältnismäßig kurz (z.B. bei *H. tityrus*), bei anderen dagegen äußerst lang (z.B. bei *H. phyllodes* oder *H. troglodytes*). Wegen längerer Metasomasegmente ist der Schwanz der Männchen länger als der weiblicher Tiere (s.a. „Geschlechtsunterschiede und Zucht“, S. 82). Das Telson ist vergleichsweise klein und flach. Manche *Hadogenes*-Arten besitzen weit mehr als 100 Trichobothrien pro Pedipalpus, wobei die meisten Haare an der Tibienaußenseite und der Unterseite der Scherenhand zu finden sind (vergleiche die Ischnuridengattung *Opisthacanthus* mit nur 48 Trichobothrien). Auch wegen ihrer innerartlichen Variabilität sind *Hadogenes*-Arten nicht leicht zu bestimmen. Sie werden oft mit Skorpionen anderer Familien (z.B. der Scorpionidae) verwechselt.

Lebensraum
Die Arten der als „Felsskorpione“ bekannten Gattung *Hadogenes* kommen in steinigen und felsigen Lebensräumen vor, die mäßig feucht bis wüstenhaft trocken sein können. In Südafrika findet man diese Skorpione oft an Südhängen

Von den knapp 60 Skorpionarten der vielfältigen Landschaft Namibias leben viele unter Steinen. Foto: D. Mahsberg

in tiefen Felsspalten unter großen Steinplatten. Auch flache Steine oder Baumrinde nehmen sie als Verstecke an.

Hadogenes bicolor (PURCELL, 1899)

Dünnschwanzskorpion

Größe

Hadogenes bicolor wird 17 bis 20 cm lang und gehört damit zu den größten Skorpionarten.

Äußere Merkmale

Körper und Scheren sind dunkel-rotbraun, Beine und Metasoma hingegen heller braun gefärbt. Die großen und kräftigen Scheren sind schwarz umrandet, die Spitzen der Scherenfinger sind ebenfalls schwarz. Pedipalpen und Metasoma sind dicht mit langen, dünnen Haaren besetzt.

Giftigkeit

Wegen ihres schwachen Gifts sind die *Hadogenes*-Arten zu den gering giftigen Skorpionen zu zäh-

Weibchen des südafrikanischen Dünnschwanz- oder Spaltenskorpions ***Hadogenes bicolor***. Foto: W. Schmidt

Männchen des Dünnschwanz- oder Spaltenskorpions ***Hadogenes bicolor***. Man beachte die im Vergleich zum Weibchen ungewöhnlich langen Metasomasegmente. Foto: R. Lippe

len, deren Stich zwar momentan recht weh tun kann, aber keine systemischen Wirkungen verursacht.

Haltung und Zucht

Ein Pärchen von *H. bicolor* benötigt ein Trockenterrarium mit den Abmessungen 40×30×30 cm (L×B×H). Als Substrat dient eine Sand-Erde-Laub-Mischung, wobei einige flache Steine, ein grobrindiges Aststück und eine Trinkschale die Einrichtung ergänzen.

Als Haltungstemperatur empfehlen sich tagsüber 28 bis 30 °C (Nachtabsenkung auf 22 °C). Die Fortpflanzungsbereitschaft wird durch eine Überwinterung bei 10 bis 15 °C gefördert. Im Frühjahr paaren sich die Tiere. Im Spätsommer kommen bis zu 50 Junge zur Welt. Ihre Aufzucht erfolgt einzeln in kleinen Haushaltsdosen.

Futter

H. bicolor ernährt sich von Heimchen, Grillen, Wanderheuschrecken, Schaben, Mehlwürmern und *Zophobas*-Larven sowie hartschaligen Käfern.

Hadogenes trichiurus (GERVAIS, 1843)

Größe
Diese Art erreicht eine Gesamtlänge von 10 bis 12 cm.

Äußere Merkmale
Diese sehr variable Art ist *H. bicolor* ähnlich, besitzt aber ein dunkel-rotbraunes bis schwarzes Metasoma mit hellbrauner Giftblase. Die Scheren sind kräftiger, der Körper ist insgesamt massig. Metasoma und Scheren sind weniger stark behaart.

Giftigkeit
S. *H. bicolor*

Haltung und Zucht
Über eine erfolgreiche Zucht dieser Art ist nichts bekannt.

Futter
S. *H. bicolor*

Literatur
Taxonomie, Systematik, Verbreitung, Ökologie: HEWITT (1918), LAMORAL (1979), SISSOM (1990).

Gattung *Opisthacanthus* PETERS, 1861

Geographische Verbreitung und Kennzeichen
Das Siedlungsgebiet dieser 18 Arten zählenden Skorpiongattung ist wenig zusammenhängend. Schwerpunkt der Verbreitung sind die Neo-

Hadogenes trichiurus, Südafrika. Foto: W. Schmidt

Opisthacanthus-Arten besitzen ein im Vergleich zu den Scherenhänden schwaches Metasoma. Foto: R. Lippe

tropen (nördliches Süd- und Mittelamerika, Westindische Inseln und Florida). Außerdem kommen Arten in Äquatorialafrika und auf Madagaskar vor. Die Gattungsvertreter leben unter äquatorialem Tageszeitenklima oder unter tropischem Sommerregenklima.
Unter den Ischnuriden zeichnen sich die *Opisthacanthus*-Arten durch 48 Trichobothrien je Pedipalpus aus (d.h., dass keine zusätzlichen, vom Grundmuster abweichenden Trichobothrien vorhanden sind wie z.B. bei *Hadogenes* spp.). Auf der Tarsensohle stehen keine Haare, sondern kurze kräftige Dornen. Nicht leicht zu erkennen sind die beiden parallel verlaufenden Reihen kleiner Zähnchen auf der Schneidekante der beweglichen Scherenfinger.

Lebensraum
Opisthacanthus hält sich bevorzugt in Wäldern oder an Waldrändern auf, wo er sich unter Laub, Steinen oder unter Baumrinde verborgen hält oder Termitenbauten bewohnt.

Opisthacanthus spec.

Größe
Diese Skorpione zählen mit einer maximalen Gesamtlänge von 10 bis 12 cm zu den mittelgroßen Arten.

Äußere Merkmale
Von der grauschwarzen Grundfarbe heben sich die dunklen rotbraunen Beine und die hellbrau-

ne Giftblase ab. Die Art besitzt dicke, kurze, aber kräftige Scheren und ein schlankes Metasoma mit kleiner Giftblase.

Giftigkeit
Wegen ihres schwachen Gifts sind die *Opisthacanthus*-Arten zu den gering giftigen Skorpionen zu zählen, deren Stich zwar kurzzeitig weh tun kann, aber keine systemischen Wirkungen verursacht.

Haltung und Zucht
Es können mehrere Exemplare gemeinsam gepflegt werden (in der Gattung gibt es vermutlich mehrere soziale Arten). Für eine Gruppe von drei bis vier Tieren genügt ein Terrarium von 30×30×30 cm (L×B×H). Als Substrat verwendet man ein Erde-Sand-Laub-Gemisch. Hinzu kommen ein grobrindiges Aststück, einige flache Steine und eine Trinkschale.
Dank seiner nur schwach ausgeprägten innerartlichen Aggressivität ist dieser Skorpion gut für die Gemeinschaftshaltung geeignet. Man sollte den Behälter häufiger übersprühen, da die Tiere recht empfindlich auf Austrocknung reagieren. Ihre Vorzugstemperatur liegt bei 28 bis 30 °C und sollte in der Nacht auf 25 °C abfallen. Über eine erfolgreiche Nachzucht ist nichts bekannt. *Opisthacanthus*-Arten sind langlebige Skorpione, die wohl meist erst mit zwei Jahren geschlechtsreif werden.

Futter
Gefüttert werden diese Skorpione mit mittelgroßen Heimchen und Grillen, Mehlwürmern, jungen Wanderheuschrecken usw. Erwachsene Tiere erhalten nur etwa einmal in der Woche soviel Nahrung, wie sie auch tatsächlich in einer Nacht fressen können. Überzählige Futtertiere - besonders die wehrhafteren - sollten wieder aus dem Terrarium entfernt werden.

Literatur
Taxonomie, Systematik, Verbreitung, Postembryonalentwicklung: SISSOM (1990), LOURENÇO (1991).

Familie Euscorpiidae LAURIE, 1896

Gattung ***Euscorpius*** THORELL, 1876 (vormals unter **Chactidae** LAURIE, 1896)

Geographische Verbreitung und Kennzeichen
Die Gattung *Euscorpius* ist mit fünf Arten und mehreren Unterarten über einen Großteil des Mittelmeerraums - vom ehemaligen Jugoslawien über Italien, Südfrankreich und Spanien bis nach Nordafrika - sowie im Mittleren Osten und Zentralasien verbreitet. In Mitteleuropa erreicht *Euscorpius* Niederösterreich. Vorkommen in Südengland (*E. flavicaudis*) sowie Nachweise auch von außereuropäischen Handelsplätzen (*E. flavicaudis*, *E. italicus*) gehen auf Verschleppungen durch den Menschen zurück. *Euscorpius* lebt unter warm temperiertem bzw. mediterranem Winterregenklima.
Die kleinwüchsigen *Euscorpius*-Arten werden häufig im Terrarium gehalten und dort auch immer wieder zur Fortpflanzung gebracht. Die Giftblase der Männchen ist sehr viel größer als die von Weibchen. Gerade wegen der Beliebtheit dieser Skorpione sollten die für manche Arten geltenden Schutzbestimmungen berücksichtigt werden (siehe „Skorpione und Artenschutz"). Eine sichere Unterscheidung der *Euscorpius*-Arten ist über das Trichobothrienmuster möglich.

Euscorpius italicus (HERBST, 1800)

Lebensraum

Dieser anpassungsfähige Skorpion wird häufig an Gras bewachsenen Hängen angetroffen, die ganztägig von der Sonne beschienen werden, geht aber kaum auf Höhen über 500 m. Er schätzt trockene Felswände und Natursteinmauern und sucht sich sein Versteck auch gerne in Häusern.

Größe

Mit bis zu fünf Zentimeter Gesamtlänge ist *E. italicus* nicht der kleinste Vertreter seiner Gattung, insgesamt aber eine der kleinen Skorpionarten.

Äußere Merkmale

Bis auf die honiggelben Beine und das Telson ist der Körper kastanienbraun. Die Scherenhände sind deutlich breiter als das Metasoma und sind oberseits abgeflacht, wie auch der gesamte Körper sehr flach wirkt. *E. italicus* trägt auf der Unterseite der Scherenhand bzw. der Scherentibia eine Reihe von sechs bis neun bzw. 12 bis 13 dieser Sinneshaare (keine andere Art der Gattung besitzt so viele Trichobothrien an der Scherenhand).

Giftigkeit

Wegen ihres schwachen Gifts sind die *Euscorpius*-Arten zu den ungefährlichen Skorpionen zu zählen. Falls der Stachel die Haut überhaupt durchdringt, schmerzt es nur kurz („Bienenstichsymptome“).

Haltung und Zucht

Ein Terrarium von 30×20×20 cm (L×B×H) reicht für eine Gruppe von fünf oder sechs Tieren aus, wenn man ausreichend viel füttert und

Euscorpius italicus -Weibchen mit Jungen. Foto: W. Schmidt

so Kannibalismus vorbeugt. Ansonsten sind diese Skorpione sehr verträglich.
Der Bodengrund kann aus Sand oder einem Laub-Erde-Gemisch bestehen, das man an einer Stelle etwas feuchter hält und dort auch mit Verstecken versieht. Obwohl diese Skorpione in der Natur gerne trockene Stellen aufsuchen, sterben sie bei zu trockener Terrarienhaltung schnell. Eine Trinkschale bzw. ein Trinkschwamm sollte daher immer vorhanden sein. Als Versteckmöglichkeiten eignen sich flache Steine, Rindenstücke, hohle Pflanzenstengel usw. *Euscorpius* schätzt enge Ritzen, die man reichlich anbieten sollte.
Wenn die Tiere bei Zimmertemperatur gehalten werden, kann man auf eine Terrarienheizung verzichten. Ein Strahler, der tagsüber Boden und Versteck lokal auf 24 bis 28 °C erwärmt, kommt diesen Südeuropäern entgegen. Eine zwei- bis dreimonatige frostfreie Überwinterung (5 bis 10°C) sollte unbedingt eingehalten werden.
Die Balz von *E. italicus* läuft nach dem für Skorpione üblichen „Muster" ab. Weibchen mit Jungen sollte man isolieren, da sich besonders Männchen gerne an diesen „vergreifen" und sie auffressen. Sobald die Kleinen vom Rücken des Muttertieres abgestiegen sind, zieht man sie einzeln in Kleinstterrarien auf. Als Erstnahrung eignen sich Springschwänze und kleine flugunfähige *Drosophila*; später können kleine Heimchen oder Grillen verfüttert werden.

Futter

Ihrer Größe entsprechend verzehren die Tiere mittelgroße Heimchen oder Grillen, kleine Heuschrecken und Mehlwürmer. *Euscorpius* frisst auch gerne Asseln und Spinnen.

Literatur

Taxonomie, Systematik, Verbreitung: VACHON (1952), KINZELBACH (1982), SISSOM (1990), BELLMANN (1997), BRAUNWALDER & TSCHUDIN (1997). Allgemeine Biologie, Verhalten, Ökologie: ANGERMANN (1955, 1957), BENTON (1991, 1992a, b), BENTON in BROWNELL & POLIS 2000).

Familie Bothriuridae SIMON, 1880

Gattung *Bothriurus* PETERS, 1861

Geographische Verbreitung und Kennzeichen

Die knapp 30 Arten dieser Gattung besiedeln fast ganz Südamerika von südlich des Amazonas bis Südargentinien. Sie leben unter äquatorialem Tageszeiten- bzw. tropischem Sommerregenklima, können aber auch in trockeneren Klimaten vorkommen.
Die Scherenhände sind so breit oder wenig breiter als das Metasoma. Auf der Unterseite des fünften Metasomarings ist eine bogenförmige Körnerreihe zu sehen. Männchen tragen an der Basis des unbeweglichen Scherenfingers einen nach innen weisenden Dorn (Apophyse) und besitzen am Telson eine ausgeprägte Dorsaldrüse.

Bothriurus vittatus (GUÉRIN MÉNEVILLE, 1838)

Lebensraum

Die Tiere bewohnen dicht bewaldete Landstriche und sind sowohl in Regen- als auch in Trockenwäldern anzutreffen. Sie halten sich vor allem in der Laubstreu und unter Baumrinde auf.

Größe

Mit einer Gesamtlänge von 4 bis 5 cm ist diese Art eine kleinere Vertreterin der Gattung.

Äußere Merkmale
Grundfarbe ist ein dunkles Rotbraun. *B. vittatus* besitzt kleine, aber kräftige Scheren sowie ein im Verhältnis zum Körper recht großes Metasoma.

Giftigkeit
Stiche von *Bothriurus*-Arten können schmerzhaft sein und kardiovaskuläre Symptomatik zeigen. Der Stich von *B. vittatus* hat keine ernsthaften Folgen.

Haltung und Zucht
Die Tiere benötigen ein feuchtes Tropenterrarium. Als Substrat findet ein Sand-Erde-Gemisch Verwendung, wobei einige starke, grobrindige Äste und etwas Laub die Einrichtung vervollständigen. In einem Becken von 20×20×30 cm (L×B×H) lässt sich eine Gruppe von vier bis sechs Tieren pflegen.
Bewährt hat sich bei dieser Art eine Haltungstemperatur von tagsüber 30 °C und einer Nachtabsenkung auf 22 °C (relative Luftfeuchtigkeit 70-80%). Nachzuchten von *B. vittatus* sind bisher nicht bekannt.

Bothriurus vittatus aus Südamerika. Foto: R. Lippe

Futter
Diese Art verzehrt kleine Heimchen, Grillen, Wanderheuschrecken, Schaben und Mehlwürmer.

Literatur
Taxonomie, Systematik, Verbreitung: SISSOM (1990).

Familie Iuridae THORELL, 1876

Gattung *Hadrurus* THORELL, 1876

Geographische Verbreitung und Kennzeichen
Hadrurus besiedelt mit acht Arten den Süden und Westen der USA sowie die angrenzenden Bundesstaaten Mexikos. Klima: subtropisch-arides Winterregenklima mit zusätzlicher Sommerregenzeit.
Diese recht großen Skorpione sind oft auffällig behaart (in Nordamerika werden sie deswegen „giant desert hairy scorpions“ genannt). Als ein Gattungsmerkmal besitzen sie an der Ventralseite der Pedipalpentibia 30 und mehr Trichobothrien und unterseits der Scherenhand 13 bis 27 Trichobothrien.

Lebensraum
Diese Skorpione bewohnen halbtrockene und trockene Steppen- und Wüstengebiete, wo sie sich unter großen Steinen, unter Fallholz oder in selbstgegrabenen Erdhöhlen aufhalten.

Hadrurus arizonensis Ewing, 1928

Größe
Dieser Skorpion zählt mit einer Gesamtlänge von bis zu 14 cm zu den größeren Arten (er ist der größte Skorpion im Südwesten der USA).

Äußere Merkmale
Der Rücken ist braungelb. Pedipalpen, Beine, das vordere Drittel des Mesosomas und das Metasoma sind heller gelb gefärbt. Das lange und kräftige Metasoma endet in einer großen, rötlich gelben Giftblase. Alle Extremitäten, Metasoma (vor allem die letzten Ringe) und Telson sind dicht braun behaart.

Giftigkeit
Manche *Hadrurus*-Arten können Gift bis auf eine Distanz von 25 cm versprühen und dadurch die Augen gefährden, weshalb man besonders beim Hantieren im Terrarium nicht zu nahe herangehen sollte. Stiche von *H. arizonensis* können kurzzeitig schmerzen und an der Stichstelle eine leichte Schwellung und Rötung hervorrufen, zeigen aber keine systemische Wirkung.

Hadrurus arizonensis, ein kräftiger und stark behaarter Skorpion nordamerikanischer Wüsten. Foto: R. Lippe

Haltung und Zucht
H. arizonensis benötigt ein trockenes Wüstenterrarium mit einer Bodenfläche von 20×30 cm. Der Behälter sollte so hoch sein, dass die Tiere im etwa 10 cm tiefen Sandboden ihre Wohnhöhlen graben können. Da *Hadrurus* spp. gerne Skorpione fressen, müssen sie einzeln gehalten werden. Eine flache Trinkschale darf nicht fehlen. Die Temperaturen sollten tagsüber 30 bis 35 °C betragen und während der Nacht bis auf 25 °C absinken. Eine Überwinterung bei 10 bis 15 °C fördert das Wohlergehen der Tiere. Die Balz, bei der das Männchen häufig einen „Paarungsstich“ anbringt, kann sich über zwei bis drei Stunden erstrecken.
Nach der Geburt verbleiben die Jungtiere noch etwa vier bis sechs Tage auf dem Rücken der Mutter. Anschließend kann man sie in Gruppen von vier bis sechs Tieren halten, sollte sie später aber trennen. Als Substrat der Aufzuchtbehälter eignet sich feiner Sand, auf dem man einige Rindenstücke als Verstecke verteilt. Ein Abschnitt des Bodengrundes ist stets feucht zu halten, damit die Jungtiere nicht austrocknen.
Kleine *H. arizonensis* fressen zunächst Springschwänze und *Drosophila*, die nach zwei bis drei Monaten durch „Mikro“-Heimchen bzw. -Grillen ersetzt werden können.

Futter
Als Futtertiere bieten sich bei dieser Art kräftige Insekten wie Heimchen, Grillen, Schaben, Käfer und deren Larven sowie Wanderheuschrecken an.

Literatur
Taxonomie: Soleglad (1976), Sissom (1990). Verhalten, Ökologie: Williams (1969), Bub & Bowermann (1979).

Glossar

Abdomen
Hinterleib der → Arthropoda, wobei der Begriff aber meist auf Insekten beschränkt bleibt. An der Ausbildung des Arthropodenhinterleibs sind nicht immer die selben Körpersegmente beteiligt, weshalb man den Hinterleib der → Chelicerata als → Opisthosoma und den der Krebstiere als Pleon bezeichnet. Sitz der wichtigsten inneren Organsysteme (Stoffwechsel, Kreislauf, Atmung, Fortpflanzung).

adult
Erwachsen. → Arthropoda sind meist mit der letzten Häutung (Adult-, Imaginalhäutung) erwachsen, nach der keine Größenzunahme mehr möglich ist. Im Adult- (Imaginal-)stadium sind die Geschlechtsorgane voll entwickelt und ermöglichen die Fortpflanzung.

Apoikogenie
Embryonaler Entwicklungsmodus mancher Skorpione (Buthidae, Chaerilidae, Chactidae, Bothriuridae, Iuridae, Vaejovidae), bei dem die dotterfreien bis dotterreichen Eizellen (Oozyten) direkt am Ovariuterus angeheftet sind, wo sie sich entwickeln. → Katoikogenie

Aposematismus
Warn(-färbung, -laut, -verhalten usw.), dazu geeignet, potentielle Angreifer abzuhalten. Die kontrastreiche Gelb-Schwarz-Färbung vieler Wespen signalisiert z.B. optisch ihre Stechfähigkeit.

Arachnida
Spinnentiere (im engeren Sinn), größte Klasse der → Chelicerata. Den Skorpionen (Scorpiones) stellt man alle anderen Spinnentierordnungen gegenüber: Geißelspinnen (Amblypygi), Geißelskorpione (Uropygi), Webspinnen (Araneae), Palpenläufer (Palpigradi), Kapuzenspinnen (Ricinulei), Pseudoskorpione (Pseudoscorpiones), Walzenspinnen (Solifugae), Weberknechte (Opiliones), Milben (Acari). Viele Merkmale der Arachniden stehen in Zusammenhang mit ihrem Leben an Land, das sie vermutlich seit dem → Silur bewohnen.

arid
Trockenes Klima (z.B. in Halbwüsten und Wüsten), bei dem die jährliche Verdunstung größer ist als der Jahresniederschlag.

Arthropoda
Gliederfüßer. Größter Stamm des Tierreichs (3-30 Millionen geschätzte → rezente Arten), dessen Großgruppen (Onychophora, Trilobita, → Chelicerata, Crustacea, Tracheata) vermutlich auf eine gemeinsame Wurzel zurückzuführen sind. Am Außenskelett aus → Chitin und Protein inserieren gegliederte Extremitäten, die zahlreichen Funktionen dienen und vielfach umgewandelt und spezialisiert oder auch reduziert wurden. Arthropoda und Annelida (Ringelwürmer) fasst man als Articulata (Gliedertiere) zusammen.

Basitarsus
Segmentabschnitt am Laufbein der → Arachnida, zwischen → Tibia und → Tarsus. Bei Skorpionen Sitz wichtiger Sinnesorgane (basitarsale Sinnesspalten und Sinneshaare), die vor allem Vibrationen des Untergrundes registrieren (Beuteortung, Annäherung von Feinden usw.).

Becherhaare
→ Trichobothrien

Carapax
Ungegliederte Platte der → Cuticula, die das → Prosoma schützend bedeckt.

Chelicerata
Scherenträger, Fühlerlose, Spinnentiere im weiteren Sinn, Spinnenartige. Gruppe der → Arthropoda mit ca. 60 000 → rezenten Arten. Neben rein marinen Vertretern (Pantopoda, Xiphosura) sind die meisten Cheliceraten Landbewohner (→ Arachnida). Körper aus zwei funktionellen Abschnitten (Tagmata) zusammengesetzt (→ Prosoma und → Opisthosoma), Mundwerkzeuge → Cheliceren. Antennen (Fühler) nicht vorhanden.

Cheliceren
Namengebende Mundwerkzeuge und erstes Kopfextremitätenpaar der → Chelicerata. Der ursprüngliche Chelicerentyp (dreigliedrig, als kleine Scheren ausgebildet) ist von Skorpionen beibehalten worden. Die Bezahnung auf der Innenseite der Chelicerenfinger ist für die → Taxonomie von Skorpionen wichtig.

Chitin
Stickstoffhaltiger kettenförmiger Vielfachzucker (N-Polysaccharid), chemisch nah verwandt mit der Pflanzencellulose und wie diese schwer abbaubar. Eingebettet in spezifische Proteine (Arthropodin), ist a-Chitin ein Hauptbestandteil der → Cuticula der → Arthropoda.

Chordata
Stamm Chordatiere, 54 400 → rezente Arten. Dazu gehören die Manteltiere (Tunicata), die Schädellosen (Acrania) und die Wirbeltiere (Vertebrata).

Cuticula
Mehrschichtige zellfreie Deckschicht des Außenskeletts der → Arthropoda. Sie tritt in Form elastisch-harter „Panzerplatten" (Sklerite) und dünner, biegsamer Gelenkhäute (Membranen, Intersegmentalhäute) auf. Die Cuticula ist ein Teil der Körperdecke (Integument), deren Eigenschaften für die Entfaltung der Arthropoden maßgeblich waren. Sie besteht aus → Chitin und Protein.

dorsal
Rückenwärts, auf dem Rücken befindlich.

Embryogenese
Vorgang der Frühentwicklung der Frucht (des Embryos) im Mutterleib.

Epidemiologie
Lehre vom Krankheitsgeschehen in einer Population (Bevölkerung).

Femur
Oberschenkel. Segmentabschnitt am Bein der → Arachnida zwischen → Trochanter und → Patella.

Genitalpapillen
Zwei zipfelförmige Fortsätze unterseits des Geschlechtsdeckels (→ Operculum genitale) männlicher Skorpione, die bei den Bothriuridae und Iuridae fehlen. Erlauben oft eine Geschlechtsbestimmung, wenn andere sekundäre Geschlechtsmerkmale nicht eindeutig sind.

Hämocyanin
Kupferhaltiges, in einer Transportflüssigkeit gelöstes Sauerstoff-Transportprotein von Wirbellosen, u.a. bei vielen → Arthropoda (Xiphosura, Skorpione, Spinnen, manche Krebse). Farbwechsel von blau (sauerstoffreich) nach farblos (sauerstoffarm).

Hämoglobin
Roter Blutfarbstoff. Eisenhaltiges Sauerstoff-Transportprotein der Wirbeltiere (eingelagert in rote Blutkörperchen) bzw. vieler Wirbelloser (hier gelöst in einer Transportflüssigkeit). Farbwechsel von hellrot (sauerstoffreich) nach

dunkelrot (sauerstoffarm).

Hämolymphe
Körperflüssigkeit der → Arthropoda. Sie besteht aus einer flüssigen Phase (Lymphplasma) und aus Blutzellen (Hämozyten). Dient zum Transport von Nährstoffen, Exkreten, Kohlendioxid und Hormonen. Wichtig für Wundverschluss, Osmoregulation und Aufrechterhaltung des Körperinnendrucks.

Kambrium
Periode des Erdaltertums (→ Paläozoikum), von 570 bis 505 Millionen Jahren. Während des Kambriums erschienen alle Tierstämme der Wirbellosen, die fossilisierbare Skelette besaßen, darunter auch die → Arthropoda (z.B. die ausgestorbenen Trilobiten). Wegen der starken Entfaltung des Lebens zu dieser Zeit spricht man auch von der „kambrischen Explosion".

Katoikogenie
Embryonaler Entwicklungsmodus mancher Skorpione (Scorpionidae, Diplocentridae, Ischnuridae), bei dem sich die kleinen, dotterfreien Eizellen (Oozyten) in speziellen Aussackungen (Divertikeln) des Ovariuterus entwikkeln. Der Mund des heranwachsenden Embryos koppelt an einen zitzenartigen Fortsatz des Divertikels an, über den er mit mütterlicher Nährflüssigkeit versorgt wird. → Apoikogenie

Lateralaugen
Seitenaugen. Am Vorderrand des → Prosomas vieler → Arachnida liegende punktförmige Linsenaugen, die sich auf Grund ihrer Feinstruktur von Facettenaugen ableiten lassen. Im Gegensatz zu → Medianaugen ohne Glaskörper. Skorpione besitzen bis zu fünf Paar Lateralaugen.

Mandibeln
Oberkiefer. Als kräftige Kaulade dienendes Kopfextremitätenpaar. Erstes Paar Mundwerkzeuge der Mandibulata (Krebstiere, Tausendfüßer, Insekten).

Maxillen
Unterkiefer. Gegliedertes zweites und drittes Paar Mundwerkzeuge der Mandibulata (Krebstiere, Tausendfüßer, Insekten). Bei Insekten ist das zweite Maxillenpaar zur Unterlippe (Labium) verschmolzen, bei Tausendfüßern bilden die ersten und zweiten Maxillen eine Unterlippe (Gnathochilarium).

Medianaugen
Mittelaugen. Oberseits in der Mitte des → Prosomas gelegene punktförmige Linsenaugen vieler → Arachnida, bei Skorpionen ein Paar. Im Gegensatz zu → Lateralaugen mit Glaskörper.

Mesosoma
Erster, aus sieben (äußerlich sichtbaren) Segmenten gebildeter breiter Abschnitt des Hinterleibs (→ Opisthosoma) von Skorpionen. Dabei sind die Rückenschilder (→ Tergite) anders als beim → Metasoma mit den Bauchschildern (→ Sterniten) nicht verwachsen.

Metasoma
„Skorpionschwanz". Zweiter, aus fünf Segmenten gebildeter Abschnitt des Hinterleibs (→ Opisthosoma) von Skorpionen. Die Rückenschilder (→ Tergite) sind mit den Bauchschildern (→ Sternite) zu Cuticularingen verwachsen. Das Metasoma wird vom Darm durchzogen; der After mündet am Ende des fünften Ringes.

Operculum genitale
Bauchseits zwischen → Sternum und → Pectines liegender, querovaler Geschlechts-(Genital-)deckel, der die Geschlechts-(Genital-)öffnung abdeckt . Er entspricht einer umgewandelten Extremität des achten Körpersegments. Bei Skorpionweibchen sind die beiden Hälften in der Mitte verwachsen. Bei Männchen sind sie ge-

geneinander beweglich und tragen unterseits zwei → Genitalpapillen.

Opisthosoma
Hinterleib. Zweiter funktioneller Körperabschnitt der → Chelicerata, ursprünglich aus wahrscheinlich 12 Segmenten bestehend. Sitz der wichtigsten inneren Organsysteme (Stoffwechsel, Kreislauf, Atmung, Fortpflanzung). → Abdomen

Paläozoikum
Erdaltertum, vom → Kambrium (570 Millionen Jahre) bis zum Perm (286 Millionen Jahre).

Patella
Knie. Innerhalb der → Arthropoda nur bei den → Chelicerata vorkommendes zusätzliches Beinsegment zwischen → Femur und → Tibia.

Pecten (Plural: **Pectines**)
Kammorgan, kammförmiges Organ. Umgewandeltes Extremitätenpaar des neunten Körpersegments von Skorpionen. Evolutive Neuheit (Autapomorphie), die alle Skorpione eindeutig charakterisiert. Kämme betasten beim Laufen den Boden. Sie sind auf den Kammzähnen dicht mit zahlreichen Sinnesorganen besetzt, die vor allem auf mechanische und chemische Reize reagieren (Substratbeschaffenheit; Duft von Paarungspartnern, Beute; Wahrnehmung von Erschütterungen usw.).

Pedipalpen
Zweites Extremitätenpaar am → Prosoma der → Arachnida, das keine Lauffunktion mehr hat, sondern Spezialaufgaben erfüllt. Pedipalpen der Skorpione als Tast- und Greiforgane, am Ende mit einer Schere.

Pheromon
Weitgehend artspezifische Botenstoffe, die in speziellen Drüsen produziert und nach außen abgegeben werden. Pheromone haben für andere Individuen chemische Signalfunktion (z.B. als Sexuallockstoffe).

Pleuren, Pleura
Dehnfähige seitliche Verbindungshäute (Intersegmental, -flankenhäute) zwischen den starren „Panzerplatten" der → Tergite und → Sternite.

Prosoma
Vorderkörper. Erster funktioneller Körperabschnitt der → Chelicerata, aus sieben Körpersegmenten zusammengesetzt. Sitz wichtiger Sinnesorgane, der Mundwerkzeuge und Laufbeine sowie des Gehirns.

rezent
In der (geologischen) Gegenwart lebend (im Gegensatz zu fossil).

Sexualdimorphismus
Färbung oder Merkmal des Körperäußeren, das männliche und weibliche Individuen einer Art gleichen Stadiums unterscheidet. Oft unterliegt z.B. die Körpergröße einem Sexualdimorphismus.

Silur
Periode des Erdaltertums (→ Paläozoikum), von 504 bis 438 Millionen Jahre. In diese Zeit fiel die Eroberung des Landes durch bestimmte Gruppen der → Arthropoda.

Spermatheka
Receptaculum seminis, Samentasche. Behälter im weiblichen Geschlechtstrakt, in dem Spermien zum Teil lange gespeichert werden können.

Spermatophore
Samenpacket, das männliche Keimzellen (Spermien) enthält. Die indirekte Übertragung von Spermien mittels einer Spermatophore ist eine bei Landarthropoden weitverbreitete Form innerer Besamung.

Sternum, Sternit
Bauch bzw. Bauchschild, gebildet aus einer starren „Panzerplatte“ der → Cuticula. Das für die → Taxonomie von Skorpionen wichtige Sternum liegt als unpaare drei- bzw. fünfeckige Platte → ventral zwischen den Hüften des vierten Laufbeinpaares.

Stigma
An der Körperoberfläche mündende Verschlussöffnung eines Atemsystems (z.B. von → Tracheen und von Buch- oder Fächerlungen).

Subakulearstachel, -tuberkel
Mehr oder weniger stachelähnliche Erhebung unterhalb des eigentlichen Giftstachels von Skorpionen. Steht mit keiner Giftdrüse in Verbindung. Wichtig für die → Taxonomie von Skorpionen.

sympatrisch
Vorkommen mehrerer nah verwandter Arten bzw. Unterarten im gleichen Verbreitungsgebiet.

Systematik
Biologische Wissenschaft, die sich mit dem beschreiben, ordnen und benennen organismischer Vielfalt (Biodiversität) befasst und in diese ein hierarchisches System zu bringen versucht. Sie sollte die stammesgeschichtlichen (phylogenetischen) Verwandtschaftsbeziehungen zwischen Organismengruppen (Taxa) wiedergeben. Neben äußeren (morphologischen) Merkmalen bedient sich die Systematik zunehmend molekularbiologischer Methoden. Der Begriff wird oft synonym mit → Taxonomie verwendet.

systemisch
Nicht auf eine bestimmte Struktur oder Funktion beschränkt, sondern mit Auswirkung (z.B. eines Giftes) auf das Gesamtsystem (den Gesamtorganismus).

Tarsus
Fuß. Letztes Glied des Beines der → Arthropoda, das (wie bei Skorpionen) häufig zwei Krallen trägt.

Taxonomie
Bestimmungslehre. Theorie und Praxis der Klassifizierung organismischer Vielfalt. Taxonomisch relevante Merkmale (Bestimmungsmerkmale), wie sie in Bestimmungsschlüsseln benutzt werden, sind allerdings oft ungeeignet, stammesgeschichtliche Verwandtschaftsbeziehungen zu begründen. Wird oft synonym mit → Systematik verwendet.

Telson
Anhang am Körperende mancher Krebstiere und → Chelicerata, der keinem Körpersegment entspricht. Oft Bezeichnung für den Schwanzfaden von Geißelskorpionen und Palpenläufern oder den Stachel von Skorpionen, der nach anderer Ansicht auch → Tergaldorn genannt wird.

Tergaldorn
Anhang eines (reduzierten) 13. Körpersegments mancher Krebstiere und → Chelicerata. Wenn der Stachel der Skorpione ein Segmentabkömmling ist, dürfte man ihn dann nicht als → Telson bezeichnen.

Tergum, Tergit
Rücken bzw. Rückenschild, gebildet aus einer starren „Panzerplatte“ der → Cuticula.

Tibia
Schienbein. Segmentabschnitt am Bein der → Arachnida zwischen → Patella und → Basitarsus.

Tigmotaxis
Bestreben eines Organismus, in Körperkontakt mit Umgebungsstrukturen zu sein (z.B. durch das Aufsuchen enger Verstecke usw.).

Toxine
Wasserlösliche Giftstoffe von Mikroorganismen, Pflanzen oder Tieren mit bestimmter Inkubationszeit und spezifischer Wirkung. Toxine wirken als Antigene: sie veranlassen die Bildung von Antikörpern, anhand derer sie nachweisbar sind. Die Fähigkeit von Antikörpern zur Bindung und Neutralisierung von Toxinen wird bei der Serumtherapie ausgenützt.

Toxizität
Giftigkeit. Maß z.B. für ein tierisches Gift ist die Letaldosis LD 50 (Giftdosis pro Gewichtseinheit Versuchstier, die zum Tod von 50% der Versuchstiere führt).

Tracheen
Röhrenförmige, sich verjüngende und verzweigende Einstülpungen der Körperoberfläche mancher → Arthropoda (z.B. Stummelfüßer; manche → Arachnida; Insekten, Tausendfüßer). Sie dienen der Luftatmung und können meist von außen durch ein → Stigma verschlossen werden. Trotz ihrer großen Ähnlichkeit sind Tracheensysteme innerhalb der → Arthropoda vermutlich mehrfach unabhängig (konvergent) entstanden.

Trichobothrien
Feine, leicht bewegliche Sinnesborsten, die in einer becherförmigen Vertiefung der → Cuticula stehen (Becherhaare, Fadenhaare). Verbreitet bei verschiedenen Landarthropodengruppen (viele → Arachnida; Zwergfüßer, Tausendfüßer; Insekten). Als Aufnehmer von Luftströmungen und Luftvibrationen wichtig für die Raumorientierung, die Wahrnehmung und Ortung von Beute, Feinden usw. Wegen ihres Anordnungsmusters wichtig für die → Taxonomie von Skorpionen (Trichobothriotaxie).

Trochanter
Schenkelring. Segmentabschnitt am Bein der → Arthropoda zwischen → Coxa und → Femur.

ventral
Bauchwärts, von der Bauchseite aus.

Literaturverzeichnis

ABUSHAMA, F.T. (1968): Observations on the mating behaviour and birth of *Leiurus quinquestriatus* (H.& E.), a common scorpion species in the Central Sudan. - Rev. Zool. Bot. Afr. 77: 37-43.

ALEXANDER, A.J. (1959): A survey of the biology of scorpions of South Africa. - Afr. Wild Life 13: 99-106.

ANGERMANN, H. (1957): Über Verhalten, Spermatophorenbildung und Sinnesphysiologie von *Euscorpius italicus* und verwandten Arten. - Z. Tierpsych. 14: 276-302.

AUBER, M. (1963): Reproduction et croissance de *Buthus occitanus* Amx. - Ann. Sci. Nat. Zool. 5: 273-286.

AUBER-THOMAY, M. (1974): Croissance et reproduction d'*Androctonus australis* (L.) (Scorpiones, Buthides). - Ann. Sci. Nat. Zool. 16: 45-54.

BELLMANN, H. (1997): Kosmos-Atlas Spinnentiere Europas. - Stuttgart: Franckh-Kosmos Verlags-GmbH. 304 S.

BENTON, T.G. (1991): Reproduction and parental care in the scorpion, *Euscorpius flavicaudis*. - Behaviour 117: 20-28.

– (1992a): The ecology of the scorpion *Euscorpius flavicaudis* in England. - J. Zool., Lond. 226: 351-368.

– (1992b): Determinants of male mating success in a scorpion. – Anim. Behav. 43: 125-135.

BÖTTCHER, M. (1988): Erfahrungen bei der Haltung und Aufzucht des Feldskorpions *Buthus occitanus*. - elaphe 12: 77-79.

BRAENDLE, C. (1995): Verhalten und Ökologie des Skorpions *Leiurus quinquestriatus*. - DATZ 48: 782-783.

BRAUNWALDER, M.E. & M. TSCHUDIN (1997): Skorpione. Eine Einführung mit besonderem Augenmerk auf beide Schweizer Arten. - Biologie einheimischer Wildtiere 1: 1-15.

BROWNELL, P.H. (1985): Vibrationssinn: Beuteortung beim Sandskorpion. - Spektrum der Wissenschaft 2: 84-92.

BROWNELL, P.H. & G.A. POLIS (eds.) (2000): Scorpions and research. - Oxford University Press: Oxford. [erscheint Anfang 2000]

BUB, K. & R.F. BOWERMAN (1979): Prey capture by the scorpion *Hadrurus arizonensis* Ewing (Scorpiones, Vaejovidae). - J. Arachnol. 7: 243-253.

CAMPBELL, N.A. (1997): Biologie. - Heidelberg: Spektrum Akad. Verl. 1440 S.

CASPER, G.S. (1985): Prey capture and stinging behavior in the emperor scorpion, *Pandinus imperator* (Koch) (Scorpiones, Scorpionidae). - J. Arachnol. 13: 277-283.

CLOUDSLEY-THOMPSON, J.L. & C. CONSTANTINOU (1983): How does the scorpion *Euscorpius flavicaudis* (Deg.) manage to survive in Britain? - Int. J. Biometeor. 27: 87-92.

COUZIJN, H.W.C. (1981): Revision of the genus *Heterometrus* Hemprich & Ehrenberg (Scorpionidae, Arachnidea). - Zool. Verhand. 184: 1-196.

FABRE, J.H. (1907): Souvenirs entomologiques. 9ième série. - Paris: Délagrave. 229 S. [1997 deutsche Übersetzung eines Kapitelauszugs „Der Skorpion von Sérignan“. - Berlin und München: Edition Pixis bei Janus Press.]

FET, V., W.D. SISSOM, G. LOWE & M.E. BRAUNWALDER (1999): Catalogue of the scorpions of the world (1758-1998). - New York: N.Y. Entomological Society [im Druck]

FLATT, T. (1991): Beobachtungen zum Paarungsverhalten von *Leiurus quinquestriatus* (Scorpiones: Buthidae) in Gefangenschaft. - Latrodecta : 6-10.

FLEISSNER, G. (1986): Die innere Uhr und der Lichtsinn von Skorpionen und Käfern. - Naturwissenschaften 73: 78-88.

FOELIX, R. (1992): Biologie der Spinnen. - Stuttgart: Thieme Verlag. 331 S.

FRIEDERICH, U. & W. VOLLAND (1998): Futtertierzucht. - Stuttgart: Ulmer-Verlag. 187 S.

GARNIER, G. (1974): Elevage en laboratoire de *Pandinus imperator* (C.L.Koch, 1842) (Scorpionidae, Scorpioninae). - Bull. Soc. Zool. France 99: 693-699.

GOYFFON, M. & C. LANDON (1998): Toxines et défensines de scorpions. - C. R. Soc. Biol. Fil. 192: 445-462.

HABERMEHL, G.G. (1994): Gift-Tiere und ihre Waffen. - Berlin: Springer-Verlag.

HARINGTON, A. (1982): Diurnalism in *Parabuthus villosus* (Peters) (Scorpiones, Buthidae). - J. Arachnol. 10: 85-86.

HENKEL, F.-W. & W. SCHMIDT (1997): Terrarien. Bau und Einrichtung. - Stuttgart: Eugen Ulmer. 168 S.

HEWITT, J. (1918): A survey of the scorpion fauna of South Africa. - Trans. Roy. Soc. S. Afr. 6: 89-192.

HÖLLDOBLER, B. & E.O. WILSON (1990): The ants. - Cambridge: Belknap Press of Harvard University Press. 732 S.

KINZELBACH, R. (1982): Die Skorpionssammlung des Naturhistorischen Museums der Stadt Mainz.- Teil I: Europa und Anatolien. - Mainzer Naturw. Archiv 20: 49-66.

KLEBER, J.J., P. WAGNER, N. FELGENHAUER, M. KUNZE & T. ZILKER (1999): Vergiftung durch Skorpionstiche. - Deutsches Ärzteblatt 96: 1710-1715.

KÖNIG, B. & K.E. LINSENMAIR (eds.) (1996): Biologische Vielfalt. - Spektrum Akad. Verlag: Heidelberg. 215 S.

KRAEPELIN, K. (1899): Scorpiones und Pedipalpi. - Das Tierreich, 8. Lieferung, Arachnoidea. Berlin: R. Friedländer & Sohn. 265 S.

KRAPF, D. (1986): Contact chemoreception of prey in hunting scorpions. - Zool. Anz. 217: 119-129.

KRAPF, D. (1988a): Skorpione. I. Morphologische Grundlagen, Sexualdimorphismen und Giftigkeit. - Herpetofauna 10 (54): 13-24.

KRAPF, D. (1988b): Skorpione. II. Fortpflanzung, Wachstum und Haltung. - Herpetofauna 10 (56): 24-33.

LAMORAL, B.H. (1979): The scorpions of Namibia. - Ann. Natal Mus. 23: 497-784.

LEGROS, C., M.F. MARTIN-EAUCLAIRE, & D. CATTAERT (1998): The myth of scorpion suicide: are scorpions insensitive to their own venom? - J. Exp. Biol. 201: 2625-2636.

LEVY, G. & P. AMITAI (1980): Fauna Palaestina, Arachnida I: Scorpiones. - The Israel Academy of Sciences and Humanities, Jerusalem. 130 S.

LINSENMAIR, K.E. (1968): Anemomenotaktische Orientierung bei Skorpionen (Chelicerata, Scorpiones). - Z. vergl. Physiol. 60: 445-449.

LIPPE, R. (1998): Skorpione im Terrarium. - REPTILIA 3 (5): 29-33.

LOURENÇO, W.R. (1991): Biogéographie évolutive, écologie et les stratégies biodémographiques chez les scorpions néotropicaux. - C. R. Soc. Biogéogr. 67: 171-190.

– (1992): Les peuplements des scorpions des Antilles; facteurs historiques et écologiques en association avec les stratégies biodémographiques. - Studies on Neotrop. Fauna and Environm. 27: 43-62.

– (1997): Additions à la faune de scorpions néotropicaux (Arachnida). - Revue suisse de Zoologie 104: 587-604.

– (1998): Panbiogéographie, les distributions disjointes et le concept de famille relictuelle chez les scorpions. - Biogeographica 74: 133-144.

LOURENÇO, W.R. & J.L. CLOUDSLEY-THOMPSON (1996): Recognition and distribution of the scorpions of the genus *Pandinus* Thorell, 1876 accorded protection by the Washington Convention. - Biogeographica 72: 133-143.

LOURENÇO, W.R. & O. CUELLAR (1994): Notes on the geography of parthenogenetic scorpions. - Biogeographica 70: 19-23.

LOURENÇO, W.R., M.B. KNOX, & M.A.C. YOSHIZAWA (1994): L'invasion d'une communauté au stade initial d'une succession secondaire par une espèce parthénogenetique de scorpion. - Biogeographica 70: 77-91.
LÖSER, S. (1991): Exotische Insekten, Tausendfüßer und Spinnentiere. - Stuttgart: Eugen Ulmer. 175 S.
MAHSBERG, D. (1990): Brood care and family cohesion in the tropical scorpion *Pandinus imperator* (Koch) (Scorpiones: Scorpionidae). - Acta Zool. Fennica 190: 267-272.
– (1997): Überlebende Fossilien: Wie Skorpione ihre Fortpflanzung sichern. - REPTILIA 2: 43-48.
– (1998): Skorpione - soziale Räuber? - REPTILIA 3: 24-28.
– (2000): Brood care and social behavior. - in: Scorpions and research, P.H. Brownell & G.A. Polis (eds.). Oxford University Press: Oxford. [erscheint Anfang 2000]
MAY, R.M. (1996): Wie viele Arten von Lebewesen gibt es? - in: Biologische Vielfalt, K.E. Linsenmair & B. König (eds.). Spektrum Verlags-GmbH: Heidelberg. S. 16-23.
MEBS, D. (1992): Gifttiere. - Stuttgart: Wiss. Verl.-Ges. 272 S.
MÜLLER, G. (1993): Scorpionism in South Africa. – S. Afr. Med. J. 83: 405-411.
NEMENZ, H. & J. GRUBER (1967): Experimente und Beobachtungen an *Heterometrus longimanus petersii* (Thorell)(Scorpiones). - Verh. Zool. Bot. Ges. Wien 107: 5-24.
NIAUSSAT, P.-M. & C. GRENOT (1968): Die Widerstandsfähigkeit von Skorpionen und anderen Gliedertieren gegen ionisierende Strahlung. - Natur und Museum 98: 361-368.
PERETTI, A.V. (1997): Relación de las glándulas caudales de machos de escorpiones Bothriuridae con el comportamiento sexual (Scorpiones). - Revue Arachnologique 12: 31-41.
POLIS, G.A. (1979): Prey and feeding phenology of the desert sand scorpion *Paruroctonus mesaensis* (Scorpionida: Vaejovidae). - J. Zool. Lond. 188: 333-346.
– (ed.) (1990a): The biology of scorpions. - Stanford University Press: Stanford, California. 587 S.
– (1990b): Ecology. - in: The biology of scorpions, G.A. POLIS (ed.). Stanford University Press: Stanford, Calif. S. 247-293.
POLIS, G.A. & R.D. FARLEY (1979): Behavior and ecology of mating in the cannibalistic scorpion, *Paruroctonus mesaensis* Stahnke (Scorpionida: Vaejovidae). - J. Arachnol. 7: 33-46.
– (1980): Population biology of a desert scorpion: survivorship, microhabitat, and the evolution of life history strategy. - Ecology 61: 620-629.
POLIS, G.A. & S.J. MCCORMICK (1987): Competition and predation among species of desert scorpions. - Ecology 68: 332-343.
POLIS, G.A. & W.D. SISSOM (1990): Life history. - in: The biology of scorpions, G.A. POLIS (ed.). Stanford University Press: Stanford, Calif. S. 161-223.
POLIS, G.A. & T. YAMASHITA (1991): The ecology and importance of predaceous arthropods in desert communities. - in: The ecology of desert communities, G.A. POLIS (ed.). The University of Arizona Press: Tucson. S. 180-222.
PROBST, P.J. (1972): Zur Fortpflanzungsbiologie und zur Entwicklung der Giftdrüsen beim Skorpion *Isometrus maculatus* (De Geer, 1778) (Scorpiones, Buthidae). - Acta tropica 29: 1-87.
RAO, K.P. & M. HABIBULLA (1973): Correlation between neurosecretion and some physiological functions of the scorpion *Heterometrus swammerdami*. - Proc. Indian Acad. Sci. 77: 148-155.
REIN, J.O. (1993): Sting use in two species of *Parabuthus* scorpions. – J. Arachnol. 21: 60-63.
ROLF, J. (1998): *Pandinus imperator*. Erfahrungen. - Skorpions-News 3: 109-110.
RÖSSEL, D. (1997): Rechtsfragen bei der Haltung von Spinnen und Skorpionen. - REPTILIA 2: 26.
SCHIEJOK, H. (1996): *Androctonus australis*

(Linnaeus, 1758). Eine Monographie. - Skorpions-News, Remscheid: Buthus-Fachverlag. 38 S.

– (1998a): Skorpione - immer noch „Abfallprodukte“ der Terraristik. - REPTILIA 3: 34.

– (1998b): Skorpione - praktische Tips zur Anschaffung und Pflege. - Remscheid: Buthus-Fachverlag. 78 S.

– (1998c): Skorpionsstiche und andere Unfälle beim Handling. - Skorpions-News 3: 53-58.

SCHMIDBAUER, H. (1982): Erfahrungen bei der Nachzucht von Sahara-Dickschwanzskorpionen. - Herpetofauna 18: 16-21.

SCHMIDT, G. (1992): Skorpione und andere Spinnentiere. - Hannover: Landbuch-Verlag. 96 S.

– (1993): Giftige und gefährliche Spinnentiere. - Magdeburg: Neue Brehm-Bücherei Band 608.

SCHULTZ, J. (1995): Die Ökozonen der Erde. - Stuttgart: UTB. 535 S.

SHACHAK, M. & S. BRAND (1983): The relationship between sit and wait foraging strategy and dispersal in the desert scorpion, *Scorpio maurus palmatus*. - Oecologia 60: 371-377.

SIMARD, J.M. & D.D. WATT (1990): Venoms and toxins. - in: The biology of scorpions, G.A. POLIS (ed.). Stanford University Press: Stanford, Calif. S. 414-444.

SISSOM, W.D. (1990): Systematics, biogeography, and paleontology. - in: The biology of scorpions, G.A. POLIS (ed.). Stanford University Press: Stanford, Calif. S. 64-160.

SISSOM, W.D., G.A. POLIS, & D.D. WATT (1990): Field and laboratory methods. - in: The biology of scorpions, G.A. POLIS (ed.). Stanford University Press: Stanford, Calif. S. 445-461.

SOLEGLAD, M.E. (1976): The taxonomy of the genus *Hadrurus* based on chela trichobothria (Scorpionida, Vejovidae). - J. Arachnol. 3: 113-134.

STAHNKE, H.L. (1966): Some aspects of scorpion behavior. - Bull. South. Calif. Acad. Sci. 65: 65-80.

STAHNKE, H.L. (1970): Scorpion nomenclature and mensuration. - Ent. News 81: 297-316.

TOBLER, I. & J. STADLER (1988): Rest in the scorpion - a sleep-like state? - J. comp. Physiol. 163: 227-235.

TOSCANO-GADEA, C.A. (1998): *Euscorpius flavicaudis* (DeGeer, 1778) in Uruguay: First record from the New World. - Newsl. Br. Arachnol. Soc. 81: 6.

VACHON, M. (1952): Etudes sur les scorpions. - Algier: Institut Pasteur d'Algérie. 482 S.

VACHON, M. (1973): Etude des caractères utilises pour classer les familles et les genres de scorpions (Arachnides). - Bull. Mus. Natl. Hist. Nat. Zool. 104: 857-958.

VON WIRTH, V. (1996): Vogelspinnen. - München: Gräfe und Unzer. 64 S.

WALTER, H. & S.-W. BRECKLE (1984): Ökologie der Erde Band 2: Spezielle Ökologie der tropischen und subtropischen Zonen. - Stuttgart: Gustav Fischer Verlag. 461 S.

WARBURG, M.R. (1997): Biogeographic and demographic changes in the distribution and abundance of scorpions inhabiting the Mediterranean region in northern Israel. - Biodiversity and Conservation 6: 1377-1389.

WARBURG, M.R. & G.A. POLIS (1990): Behavioral responses, rhythms, and activity patterns. - in: The biology of scorpions, G.A. POLIS (ed.). Stanford University Press: Stanford, Calif. S. 224-246.

WESTHEIDE, W. & R. RIEGER (eds.) (1996): Spezielle Zoologie. Teil 1: Einzeller und Wirbellose Tiere. - Gustav Fischer Verlag: Stuttgart. 909 S.

WEYGOLDT, P. (1998): Evolution and systematics of the Chelicerata. - Experimental and Applied Acarology 22: 63-79.

WILLIAMS, S.C. (1969): Birth activities of some North American scorpions. - Proc. Calif. Acad. Sci. 37: 1-23.

WYNIGER, R. (1974): Insektenzucht. - Stuttgart: Ulmer. 368 S.

Vereine, AGs, Tipps und Links

Die Schweizer **ARACHNODATA** ist die weltweit einzige private Informations- und Koordinations-Fachstelle für Skorpione und andere Spinnentiere. Gegen Gebühr vermittelt sie Literatur, leistet Bestimmungsarbeit und erteilt Auskünfte über Skorpione und andere Spinnentiere (außer Milben). Die Internetseite bietet auch interessante Links zum Themenkreis.
ARACHNODATA, Matt E. Braunwalder,
Frauentalweg 97
CH-8045 Zürich/Schweiz
E-Mail: admin@arachnodata.ch
Internet: http://www.arachnodata.ch/

Skorpione sind Hauptobjekte der
„**Skorpion-AG Scorpionida**" von
Herbert Schiejok
Breslauer Str. 10
42859 Remscheid
Dort sind im Buthus-Fachverlag die periodisch erscheinenden deutschsprachigen „Skorpions-News" erhältlich, die u.a. einzelne Arten sowie ihre Haltung und Pflege vorstellen.

Ein internationales Forum für die Erforschung von Spinnentieren (ausser Milben) ist die **ISA**, die „**International Society of Arachnology**" (vormals CIDA, „Centre International de Documentation Arachnologique"). Die von der ISA jährlich herausgegebene Liste neuer arachnologischer Arbeiten ist für Mitglieder gedruckt bzw. über das Internet erhältlich und ist weltweit die wichtigste Quelle für Neues aus der Arachnologie. Weitere Informationen sind über den Sekretär der ISA erhältlich:
International Society of Arachnology
c/o J. A. Coddington, Secretary
Smithsonian Institution, NHB 105
Washington, DC USA 20560-0105
202-357-4148 fax 202-786-2894
E-Mail: coddington.jon@nmnh.si.edu
Internet: http://160.111.87.10:591/
Entomology/ISA/default.html

Der artgerechten Haltung und Zucht von Wirbellosen hat sich die
ZAG Wirbellose im Terrarium verschrieben, die regelmäßig „Arthropoda" herausgibt, ein deutschsprachiges Magazin zur Biologie, Terrarienhaltung und Zucht wirbelloser Tiere:
ZAG Wirbellose im Terrarium e.V.
c/o André Schale
Augustusburger Str. 278
09127 Chemnitz
E-Mail: zag.wirbellose@gmx.de
Internet: http://www.zag-wirbellose.de/

Die **Deutsche Gesellschaft für Herpetologie und Terrarienkunde e. V. (DGHT)** vereinigt die Fachgebiete Herpetologie und Terrarienkunde und ist ein Forum für Information, Kommunikation und Publikation. Sie informiert auch über Artenschutzbestimmungen für Terrarientiere. Im DGHT-Rundbrief werden auch regelmäßig Skorpione und andere Wirbellose angeboten. Mit Skorpionen befasst sich auch die „AG Giftschlangen in der DGHT".
DGHT
Postfach 1421
D-53351 Rheinbach
E-Mail: gs@dght.de
Internet: http://www.dght.de

Zum Stichwort „Skorpion" finden Suchmaschinen im Internet alles Mögliche, nur hat es selten etwas mit namensgleichem Spinnentier zu tun. Dagegen findet man Literaturempfehlungen und interessante „scorpion links" z.B. unter
sunflower.singnet.com.sg/~caijw/links/ link.htm
Zu Adressen von Insektarien in Zoos und Museen sowie von entomologischen Vereinen und Börsen siehe Löser (1991).

Pandinus imperator
Foto: M. Schmidt